再这样以为 你就完蛋了

如何与残酷人生握手言和

［美］肯·德鲁克 著
陈圆心 译

时代文艺出版社

图书在版编目（CIP）数据

再这样以为你就完蛋了/（美）肯·德鲁克著；陈圆心译. —长春：时代文艺出版社，2017.2
书名原文: The Real Rules Of Life

ISBN 978-7-5387-5330-1

I. ①再… II. ①肯… ②陈… III. ①人生哲学—通俗读物 IV. ①B821-49

中国版本图书馆CIP数据核字（2016）第275145号

出品人 陈　琛
产品总监 郭力家
出版监制 刘　峰
选题策划 吕中师
责任编辑 刘　婷
装帧设计 张小雨
排版制作 上海品亮文化

吉林省版权局著作权合同登记　图字：07—2016—4728号

再这样以为你就完蛋了

[美]肯·德鲁克　著　陈圆心　译

出版发行 / 时代文艺出版社
地址 / 长春市泰来街1825号　时代文艺出版社　邮编 / 130011
总编办 / 0431-86012927　发行部 / 0431-86012957　北京开发部 / 010-63108163
官方微博 / weibo.com / tlapress　天猫旗舰店 / sdwycbsgf.tmall.com
印刷 / 北京市通州兴龙印刷厂
开本 / 880mm × 1230mm　1 / 32　字数 / 166千字　印张 / 8.75
版次 / 2017年2月第1版　印次 / 2017年2月第1次印刷　定价 / 36.00元

图书如有印装错误　请寄回印厂调换

目 录

引言
让我们谈谈真实的人生 / 1

准则 1
人生并不公平
人生原本就不能用公平衡量 / 1

准则 2
转机在任何时候都可能发生
永远保持开放的心 / 15

准则 3
人生不能讨价还价
人生是正在发生的当下 / 28

准则 4
逃避现实就是浪费生命
拿出接受现实的勇气 / 35

准则 5
心碎是心灵成长必经之路
管理爱与亲密关系 / 42

准则 6
没有人拥有绝对真理
学会对终极真相保持谦卑 / 54

准则 7
疗愈没有捷径
尽情感受悲伤，而不是逃避悲伤 / 63

准则 8
倾听就是爱
我们能为别人做的最高贵的事 / 74

准则 9
不必急于让伤痛过去
以自己的方式与伤痛和解 / 91

准则 10
你并不能真的掌控人生
人生自由安排，要知道何时放手 / 104

准则 11
快乐是需要不断练习的
追求快乐是人类生而具有的权利 / 112

准则 12
危机也可以是意外的惊喜
如何将外部危机化为转机 / 124

准则 13
人际关系无法用金钱衡量
信赖和爱才是最大的财富 / 139

准则 14
成功需要自掏腰包
承担风险，投资自己 / 148

准则 15
你的局限，比你认为的还要多
找出你的盲点 / 154

准则 16
我们无法阻止令人痛苦的事情发生
在混乱中找到平静 / 170

准则 17
交朋友，自己要先有朋友的样子
经营亲密关系与人际联结 / 178

准则 18
人们尊敬你的坚强，却爱你的脆弱
不再因情绪波动而自责 / 187

准则 19
自己有底线，也尊重他人的底线
为自己说话，为他人发声 / 197

准则 20
个人的力量很小，也很强大
如何保持收与放的平衡 / 209

准则 21
“解放”在当下
别再空等百分百的完美 / 220

准则 22
顺其自然，好事就会发生
放松本身就是“改变”的催化剂 / 239

准则 23
给自己的人生加个意义
记得行使你的权利 / 246

附录
倾听评分表 / 257

引 言

让我们谈谈真实的人生

人生有许多准则——不过，这些准则可能和你想象中的不大一样。

小时候，我们会在学校或家里听到“细水长流”“好人有好报”“早起的鸟儿有虫吃”“以礼待人，人必以礼待之”“相信梦想，梦想就会实现”等等。

从小，我们就被教导要依循这些准则过生活；父母和老师，以至于整个文化背景，都在灌输这些准则。长大成人后的希望、期待与信念，也都奠基在这些准则上。理论上，这些准则没什么不好，它们告诉我们，只要以礼待人，定下明确的目标，然后努力达成目标，这样就行了——因为人生是公平的，一切都会有圆满的结局。

重点来了：这不是真的！

既然你选择翻开这本书，想必也已经意识到，过去学到的那些准则并不真实：人生不是公平的，好人不一定会有好报，心想也不一定事成。你的信任可能被背叛，甚至有可能会失去挚爱。不管再怎么努力、再怎么祈祷、再怎么以礼待人，不可改变的事实就是：人生无常。

我想通过这本书，分享人生的真实准则。书中不会有那些陈腔滥调，有些内容甚至可能是读者从未想过的。读到其中某些准则时，你或许会感到如释重负，开心地对心中早已明了的事实发出“对嘛”的感叹；相反地，有些读者恐怕会因为被戳中要害而坐立难安。

纵观所有的真实准则，我们就能得出简单而微妙的人生真相，包括人生的许多谜题、福祸、不确定性，以及每天生活于其间的广大未知。有时候，真相让人难以承受，让人空虚无比，让人不愿面对。所以，在前面几章，我会先解释，为什么面对真相才是最好的选择。最好的选择是了解并接受生命的真相，而且愈早愈好；唯有如此，才能清醒地度过余生。最好的选择是不再逃避现实，甚至面对从小就开始逃避的事实，如此才能渐臻成熟。

我们花费大量时间和精力逃避、否认人生的真实准则，极力挣扎，不愿正视事情真相，但是，唯有一步步接受这些真实准则，才能平静地看待自己的人生。举例来说，人会老去就是个事实，在身体慢慢老化直至瓦解的过程中，要能接受身体的改变且和平看待死亡，就是个严峻的挑战。但是，接受事实之后，我们就会发现，做出必要的调整，能让我们拥有的时间过得更愉快、更有意义。已逝的苹果公司创办人乔布斯，非常明白这个道理。他在斯坦福大学的毕业典礼上说过：“当我需要做出重大抉择时，最有帮助的做法就是提醒自己：死亡近在咫尺。面对死亡时，几乎所有的事情——所有肤浅的愿望、自尊、恐惧、害怕丢脸、害怕失败等等——都显得微不足道；剩下来的，只有真正重要的。”

我们必须认知到，心碎与失望也是生命的一部分。这个世界既危险又没有保障，许多事情都在我们的掌控之外。重点是，如果没有学会如何看待，生命中许多好事和好运气，都会与我们擦肩而过。

所以，问题来了：该如何面对人生的真相？是否该勇敢地面对恐惧，然后清醒？该如何避免将精力浪费在逃避、否认、压抑和伪装上，才不会每天惶惶度日？我们该如何解放自己，才能拥抱生命丰饶的喜悦，让苦难过去？该如何谦卑地学习并接受生命的真相，同时以前所未有的勇气过生活，视每一天为人生最珍贵的礼物？

这本书里的真实准则能指引你，让你在迎接人生的起起伏伏时，可以更坦然、更欢喜、更有力量。我们需要的不是完美，而是要认清错误的准则，接受真实的准则。当你了解生命的真实样貌后，一切都会变得异常清晰，你将获得极大的能量，心境平和丰足，并且学会在“生命给予的”与“你希望得到的”两者之间取得平衡。

我们都有各自不同的人生旅程，有些旅程是我们自己的选择，有些则是人生的安排。人生为我安排的，是一段关于失去的旅程。15 年前，我失去了珍娜，也失去了作为珍娜父亲的人生，这是改写我人生的关键事件，也是整趟旅程的开端。这段漫漫旅途成就了现在的我，也驱使我写下在坎坷旅途中学会的人生课题。

失去女儿

在二三十岁时，我很幸运地拥有一般人所谓的“美好人生”：我和妻子在加州圣地亚哥拥有漂亮的家，还有两个可爱的女儿，事业蒸蒸日上，新点子也源源不绝。我是同行中最早提出“主管培训”概念的人之一，这个概念很快就开始流行，甚至发展成为独立的产业。我的客户大多是政府机关和企业的领导人，也有微软、辉瑞和 IBM 这类顶尖公司的领导者，每一位现在都在世界舞台上发光发热。

到了 1980 年代，我已经在心理学领域占有一席之地，也推出了我的重要著作《男人不愿说的秘密》（The Secrets Men Keep）。我去世界各地演讲，主持工作坊，通常也会带着家人，好几次出现在欧普拉、唐纳修、赖瑞金等人的全国性电视节目上。简而言之：我的人生正美好。在当时看来，我过去学到的、相信的都是真的——努力工作、当个好丈夫、好爸爸，人生就会一切顺利。

然后，就在1996年的3月27日晚上10点，我接到一通电话，从此我的人生改变了。四名参加环球航海游学课程的美国学生，在印度的一场公车事故中丧生，我21岁的女儿珍娜是罹难者之一。

当时我所知道的生活，随着珍娜的死一起逝去了。在此之前，我一直认为人生是一场公平的交易——只要我当个好人，过正当的生活，女儿就能平安。可是，突然间出现在我眼前的，却是印度报纸头版上的女儿尸体横倒在泥土路上。我家门前多出了许多守株待兔的媒体，亲朋好友纷纷上门慰问，新闻还播报着事故的可怕细节。1996年春天，真实准则第三条残酷地应验了：人生不是一场公平交易，我们没有讨价还价的余地。

过去15年，我学会了一件事：我们不是上帝，没有人是上帝！我们无法掌控生命中会发生的事，梦想也不一定会实现；就连我们最珍视的梦想，也都有可能在眼前破裂。

对于珍娜，我有好多美好的期待，而她也正在一一实现自己的许多梦想。我的女儿原本前途无限：9岁时，她就获选为圣地亚哥的“青年女企业家”；14岁时，她已经可以面对一群成人观众公开演讲；高中时，她成立了领袖社。她还获选为总裁协会学者，以及科罗拉多大学姊妹会主席。而她也在全球音乐电视台（MTV）兼职，负责MTV颁奖典礼无线电城音乐厅

（Radio City Music Hall）的舞台管理。珍娜正在实现梦想，对于未来还有更远大的抱负，甚至已经遇到生命中那位“特别的人”；然而，一切都画下了不合理的句点。

怎么会有这种事？怎么可能？

有好几年的时间，我都在绝望颓丧的深渊中打滚，经历了能将人灭顶的强烈情绪波涛。夹杂着悲伤、愤怒、受骗、自责、空虚等情绪的浪潮一波波袭来，让我甚至一度只想死去。前一秒，我还拥有两个活蹦乱跳的美丽女儿、一栋狗儿四处乱窜的屋子、一个完整的家庭。下一秒，一切都随风消逝：三只小狗都生病了，一只接着一只死去；结缡25年的妻子与我分居；珍娜走了；小女儿离家展开自己的新生活。剩下我一个人，孤独又颓丧，进入灵魂最脆弱的时刻。

在那之后，我一次一小步，缓慢地爬出绝望的深渊。我常听人家说，一次搞定一天就够了。一开始，一次一天对我来说都无法承受。一次一小时还是太漫长，我只能做到一次一口呼吸。我数着每一次呼吸，接受亲朋好友和死党们的关怀（我的死党是十位无与伦比的男士，每一位都称得上领导人物），还有来自同样丧女的艺术家莫内、作曲家马勒、林肯总统、奥图·法兰克（《安妮日记》中的爸爸）等人的启发，然后踏上了一段漫长的旅程，开始令人不安的陌生新生活——没有珍娜的人生。

新生活的第一年，每天早上，我都会到邻近的海滩上散步许久，和珍娜对话。我称她为“我的天使女儿”，她对我“说”的第一句话是：“爹地，重点不在你。”花了很长的时间，我才明白她是对的。当时我只看到自己的痛苦，可是当我终于逐渐爬出悲痛和自怜的泥沼时，我慢慢看清一个事实：无论我们觉得自己有多特别（或多有资格），重点都不在我们身上。人生的真实准则超越了个人经验，涵盖的范围也远远不只是几个人而已。在我和“天使女儿”的每日对谈中，我开始将这个概念称为“浩瀚”。学会拥抱个人生命之上的“浩瀚”，帮助我驱逐了最深的绝望；取而代之的，是如涌泉般丰厚的爱与怜悯。

逐渐走出自身的伤痛之后，我开始对外伸出援手，不再封闭自己。我成立了非营利组织“珍娜·德鲁克中心”（以我过世女儿名义兴办的非营利组织），这个组织就像是从灰烬中诞生的浴火凤凰。珍娜·德鲁克中心照顾痛失子女的破碎家庭，也提供领袖课程给女孩儿们。提供领袖课程给女孩儿们，一直是珍娜和她的好朋友碧拉的梦想，她们从高二就开始计划了。

作为精神导师和疗愈师，我的工作量也增加了。在几场全国性的大灾难中，我都受邀参与重建工作，其中包括科伦拜校园枪击事件、911 恐怖袭击事件，以及卡特里娜飓风的灾后重建。我的著作名气大增，同时获颁许多奖项，包括“心理学杰出贡献奖”“年度家庭大使奖”，并且获邀在各种场合演讲，例如哈佛大学公共卫生学院等知名学校，或是专业的议事会场、犹太集会、基督教会，以及青年总裁组织等机构。我也经常现身地方性或全国性电视节目，“库珀 360 度”（Anderson Cooper 360）就是其中之一。

关键时刻

在我们每个人的生命中，总会有些关键时刻，必须鼓足勇气、用尽全身力量才能撑过去，之后所需的力气才会慢慢减少。这个过程需要全神贯注，世俗肤浅的杂念和干扰都会慢慢消失，只剩下最核心的事物。失去女儿就是我生命中的关键时刻。不过，并不是所有人都曾失去挚爱，让人惊醒的原因有很多种，可能是致命的疾病、离婚，或是退休；也可能是某个美好的经历，例如婴儿出生、心脏移植手术成功、获得终生成就奖，等等。甚至有时候，关键时刻只是某些不经意的美好，像是海上的夕阳、停驻肩上的蝴蝶，或是在臂弯中睡着的孙儿孙女。在这些时刻，我们看到了生命的全貌，或者可以称之为“浩瀚”。我们是清醒的旁观者，第一手经历了这些未经粉饰的事件，灵魂因此彻底觉醒，知晓了关于喜怒哀乐的人生真相。

读者经历的，可能是失去挚爱的伤痛，也可能是成功的喜悦，或是介于两者之间的任何事件。无论是哪一种，我都希望你们能重新思考原本遵循的那些准则，也想想我所谓的“真实准则”。希望这段过程可以成为你们的关键时刻，帮助你们开始过真正想过的生活，综观生命全貌，解读藏在人生契约中的例外情况或附加条件。

人生契约中的例外情况或附加条件

在生活中，大多数人都心照不宣地假设，所有的事情都会有圆满结局，大家也都努力让这个想法成真；然而，不可避免地，总会发生一些事打乱原本的计划。我们看着人生计划化为乌有，意志消沉，还得面对隐隐然的各种风险、危机、疑点与不确定性，不禁想问：“怎么会发生这种事情？”

大部分时候，我们都对人生契约中的例外情况或附加条件视而不见。谁会在吞下化疗药物之前，一一读过标签上的“可能副作用”呢？尽管这可能攸关生死。又有谁会想要听到，自己花样年华的女儿将死于国外游学途中？可是，只要真正了解人生，就会知道人生充满悲苦和喜乐、大起和大落、条理和混乱、光明与黑暗。无论我们做什么，都不能免于失去和改变，无法免于事业失败、意外、疾病、离婚；或者，最难受的一种——失去挚爱。人生必定会有喜乐，同样必定会有心碎、迷惘、矛盾和伤痛。

人生的例外情况或附加条件不仅用来警告可能的副作用和风险，也向我们揭示生命中的奇迹与惊喜，并且带来撼动人心的启示；在决定性的时刻，这些启示能点亮并扭转我们的人生。本书介绍的真实准则，就是那些隐藏在人生契约中的例外情况或附加条件。

我的意思并不是说，天上有个更全能的神祇早已安排好我们的人生；也不是要求大家，贸然放弃那些曾经激励我们的准则。勇于追梦、追求卓越的自我并没有错，但我们面对的真正挑战，是要在追梦的同时接受一项事实：无论拟定了什么样的计划，人生依旧无常。我们必须勇敢和谦虚，并且面对现实，才能安然度过困境，将危机化为转机。

面对现实

“诚实以对”是贯穿本书所有章节的中心主旨（也是我在当教练、顾问和讲者时的核心主题），因为“面对现实”才是最有智慧的生活方式，不仅有助人格发展、美德培养，还能让人活得更有尊严，更懂得如何维持良好关系。身陷逆境时，懂得面对现实更是至关重要。俗话说“愈挫愈勇”，这非常励志，却不能帮助我们改变人生。人人都爱激励人心的演说，因为有时的确要有鼓励，才有勇气向前冲；但是，我们也必须学会面对现实，并且从自身的想法和言行出发，认真做出改变。培养并磨炼自觉意识，是我们最重要却常沉睡的能力；唯有如此，才能为未来的改变和成长打下长远的根基。

面对人生，我们需要指路明灯，或者称之为“准则”。想要追求卓越的自我、建立稳固的关系，或者希望能顺利完成人生各项习题，就必须了解并接受人生的真实准则。虽然有时这表示必须靠自己的力量走出阴影、拨开迷雾、打败心魔、抛开绑手绑脚的惯性，也不能退缩。珍娜过世后的15年来，我一直在努力找回人生。这段旅程让我得以一窥人生契约的全貌，也发现了真实的人生准则。

这些准则增强了我的意识，增长了我的见识，也把我从情绪中解放出来，得以定位自己所处的位置，找到前进的方向。这些准则就像GPS，当我不知身处何处时，标出我在地图上的位置，为我节省许多找路的麻烦和时间；只要输入目的地坐标，就会有语音导航指引方向。

不过，我们都知道，要到达目的地没有那么简单，有时还是会迷路，会晕头转向，甚至走上回头路。这时候，GPS的“重新规划路线”功能就派上了用场！我们有时必须“重置”自己的大脑，撤下心防，重新规划路线；有时候，还必须帮脑中的GPS下载最新的地图和路线。想要做出必要的调整，改变人生的道路继续前进，有几项不可或缺的因素，那就是足够的耐心、灵活度，以及坚定的决心。

容我提醒读者，实践这些准则时，务必对自己多些耐心和宽容。阅读自我成长书籍，很容易让人充满自我批评和自我怀疑，甚至在心里呐喊：“我做错了！”“我搞砸了！”“早该知道／早该这么做了！”不要那么严厉地批判自己，阅读这些准则时，要对自己更宽容、更有同情心。哪怕只是对自己多那么一点同情心，都能让你的心胸和思想更广阔，让你更能做自己，拥有更强的能量去维持自身的平衡。

这些准则是不言自明的，阅读这本书没有所谓正确或错误的读法；诠释或实践这些准则时，也没有所谓正确或错误的方式。你可能对其中三到四条准则特别心有灵犀，那就专注在这些准则上。当然，也有可能只有那么一条触动了你。另外，这些准则是随机排列的，读者可以从任何一条开始，或是跳着阅读都无妨。

这本书架构简单，每一章就是一条准则。过去 15 年，我经历了从悲伤到清醒的过程，也倾听了上千名民众的内心话（他们都可以算是我的老师），归结出我所学到的，就成了每一条准则的核心道理。

书中穿插了“心灵小径”，强调每一条准则的重点，是每一章的易读版浓缩精华。在每一章最后，还有“整理你的思绪”，也算是重点回顾，帮助读者回想并实践刚刚读过的准则，找出带来正面改变的可能性，扫除阻碍。实践方法有时也会穿插出现在章节中。

把这本书当成你的工作手册，不要只是被动地阅读，大可在书上做笔记，将书页折角作记，或是在书页上贴满便利贴。写下你要如何身体力行这些准则（定下时限以示负责），并且完成书中的实践活动，这样能让你有更强的自觉意识。你也可以另外买一本日记来记录，或是与信任的对象——例如朋友或人生顾问——分享受到本书启发而产生的改变，并且问问他们的感想。或者，你也可以上我的个人网站，看看其他读者对这些准则有什么不同的看法；相应地，你也可分享自己的经验。

这本书将会揭开生命的面纱，让读者看清自己和他人的人生真实准则。不画大饼，不用术语，不讲大道理，这本书教读者诚实面对自己，拥有自己的人生。这本书将会扯下蒙住读者双眼的布条，逼读者迈步向前，一步步实现梦想中的蜕变。

了解生命的真相，接受并克服逆境，享受人生真正的恩典并拥抱浩瀚——这是摊开在你眼前的道路，准备好踏上这趟旅程了吗？

准则 1

人生并不公平

人生原本就不能用公平衡量

多年来，我一直认定人生最终是公平的，而不管是否意识到，大多数人也都抱持相同的信念。我们总认为，孩子一定能顺利长大成人，自己也一定能在 30 年内缴清房贷。我们相信，努力工作就能实现梦想；我们也相信，全力以赴就能取得先机。

然而，意料之外的事发生了——丈夫外遇，妻子离家出走，找到一份好工作却被炒鱿鱼，孩子染上毒瘾，好友生重病，等等。总有一天，你将被迫面对赤裸裸的真相：人生并不公平。

女儿过世之前，我满心以为她会受到最好的保护，不可能有任何坏事发生在她身上。不知何故，我总认为两个女儿幸福快乐是我应有的权利，美好的人生也是我应得的。我有个美满的家庭，住在不错的社区，也很努力当个好爸爸；可以说，我做了所有该做的事。或许正因为如此，我以为我守住了与

“人生”的约定。既然人生是公平的，它肯定会信守承诺，回报我美好的人生吧？

但是在1996年的那个夜晚，我学到了一个教训：人生不是公平的——以前不是，以后也不会是。

“这就是人生”——是吗?

大家应该都听过“这就是人生”，以及“事情发生肯定有它的道理”。珍娜过世之后，经常有人对我说这种话。大家找了各种理由来解释珍娜的死亡，有人说是倒霉，有人说是上帝的旨意，甚至有人对我说：“多好啊！肯定是上帝希望她回天堂!”

还有些宿命论者解释：“这是一项伟大计划中的一小部分。珍娜注定要死，这是她的宿命。”

其实我最想听到的是，珍娜横死的原因跟其他许多事情发生的原因都一样：“未知。”人们有权选择他们想要相信的，也有权大胆猜测坏事发生的原因，但这些解释对我都没有帮助，也无法满足我。我们无法确知，人生到底是不是一连串随机的事件。有些人认为，世界上有更高的存在，有计划，有规则；若是这么想，所有的事情都有了解释。有些人则是持完全相反的意见。我想说的是，我们没有能力判断，到底是哪些因素控制了人生，也无法得知死亡的真相，甚至无法确定这一切背后有其原因和道理。

尽管如此，我们依旧在黑暗中摸索前进，思考并研究生命的奥秘。人类想从直观层面、心灵层面和科学层面来了解宇宙奥秘，是再正常不过的事了。长远来看，若对生死能有更深刻清楚的了解，就算一开始所知的世界必须承受猛烈的冲击，最终结果对于所有人都是利大于弊的。当然，还是有某些问题是任何科学研究都无法解释的，例如：人死后会发生什么事？

陪伴珍娜的遗体期间，我曾短暂掀开死亡的面纱。将遗体从印度运回国内途中，遭遇到许多困难，最后还是仰赖克林顿总统、希拉里女士和他们部属的帮忙，才顺利完成。遗体在葬礼前一天抵达，那是我在下葬前最后一次陪伴珍娜的机会。

我把女儿毫无生气的遗体拥在怀中，过去经历的所有伤痛，没有任何一项能与当时的感受相比。我想亲亲她，想和她说说话，想帮她拨开眼前的刘海。我的双眼搜寻着生命迹象，但是珍娜已经不在那副躯壳里了。我的直觉告诉我，她的灵魂已经离开。抱着她的时候，我清楚感受到她的灵魂已经不在了。

所有关于人生的理论，所有关于“人生就是这样 vs. 有个更高存在”的辩论，都在孩子过世的那一刻，从生命的选修课成了必修课。我需要知道，我的孩子到哪里去了！如果是在平时，心焦的家长会问：“孩子今晚去哪了？什么时候回来？”同样地，当孩子过世时，你也同样想问：“我的孩子去哪儿了？”甚至不惜把整个宇宙翻过来，也想找到他们的蛛丝马迹。

有时候，我会在珍娜生日或假日时拜访她的墓地。我似乎能听到她说："爸爸，你来这里做什么呢？来看一块写着我名字、嵌着我照片的墓碑？那不是我啊！你想要陪我，那就陪吧！但我不在墓地里。"

讨论人生和死亡时，很容易迷失方向，但是追寻真相的过程让人学会谦卑。我们都想过同样的问题：人生究竟是不是一连串随机的事件？还是有一位公正、慈悲的神掌控着一切？究竟我们是正在经历各种心灵事件的人类，还是正在经历人类经验的心灵？

我无法回答所有的问题，说得出口的只有：我对死亡没有定论，只能用自己的信念做赌注。要是有人说，他们对生死之事已有定论，那么他们八成忽略了生命最基本且神圣的特点：生命是个谜。死亡或许是个丑怪吓人的谜团，但是它同时拥有神秘悠远的美丽。

心灵小径：人生之谜的正反两面

经历难以承受的伤痛与心碎，会让我们忍不住要问："为什么？"

其实，对于生命中的美好与恩典，我们同样可以问："为什么？"

这一切都是谜，我们无法得知，为什么有些时候心会被狠狠撕裂，有些时候却又满溢幸福。

爱，也是生命之谜与生命奇迹的一部分。不论是爱情、友情，还是父母与过世子女之间的亲情，爱与被爱的经验都是生命中最激励人心、最五味杂陈的一部分。可惜有阳就有阴，“爱”的反面就是“失去”。

一旦失去挚爱，我们绝望地面对破灭的梦想，不得不接受故事结局不再写着“从此过着幸福快乐的生活”，感到意志消沉、头脑混乱、悲痛不已。人生契约上的但书写着，或早或晚，每个人都会遭到“失去”的打击；同时也写着，每个人都会死。

一旦明白了人生不是公平的，而且失去是无可避免的，我们该如何为自己和孩子做好心理准备呢？如何帮助自己和孩子了解人生的真实准则，看穿白色谎言、童话般的结局，以及不存在的捷径呢？如何教导孩子面对人生的起伏，培养他们处理问题的能力呢？身为父母，又该如何立下良好的榜样呢？

父母出于本能，想要保护孩子不受残酷现实的伤害；但是，如果保护过度，孩子有可能永远无法建立处理问题的能力。相反地，如果草率地让孩子暴露在过于棘手的情况下，则是有勇无谋、甚至可说是危险的做法。孩子面对“失去”时，不能一味地告诉他们要“自食其力”、“接受现实”或是“忍着点”，而是要想想，如何才能真正派上用场，拉他们一把。

忍忍吧，爷爷！

多年前，我在爱荷华州演讲时，有位中年农夫说了一个令我永远忘不了的故事。这个男人将儿子拉扯成男人中的男人，因为在他的年代，坚强又吃得了苦，才算得上男人，闹情绪是娘娘腔才会做的事；就算失去挚爱或感到痛苦，他也只会祈祷自己能“忍着点，撑过去”。后来，他的儿子有了自己的孩子，也在同样的教诲下长大。

有一天，他和七岁大的孙子到田里工作。拖拉机坏了，于是他动手修理，没想到刀片却掉下来划开他的手。他意识到自己血流不止，但是距离屋子太远，而且动弹不得。他对着孙子说：“你得帮帮爷爷，快回家叫奶奶来！”

这个小男孩看看他爷爷，看看流了一地的鲜血，沉默了一会儿，然后说：“你就忍忍吧，爷爷！”

他一边惊骇孙子是否了解事情的严重性，一边忍不住感叹：“我到底教会了他们什么？”这个男人一辈子推崇“男子汉大丈夫”精神，却因此害了自己。

幸好，小男孩最后还是叫来帮手，男人也捡回一条命，但是问题却已浮出水面：经历失去或伤痛时，教孩子“忍忍吧”或“坚强抵抗”，不一定是个好主意。我们教给孩子的信念，有时决定了生死。

谦卑赋予的力量

每个人都有感到渺小的时候，也许是某个静谧的夜晚，或是跑马拉松冲过终点线的那一刻，也可能是失业、破产、丧偶、丧友的时候。不论是哪一种情况，这些关键时刻都凸显了我们的核心价值、性格与信念。但也有些时候，我们满腔怒火，一点也不想感到谦卑，只想嘶吼："该做的我都做了！""我没做错任何事，为什么要这样惩罚我？"

在这种时候，"忍忍吧"或"往好处看"之类的说法，丝毫无法抚慰人心。既然如此，真正有用的应对方式为何？该如何面对人生逆境？又该如何心平气和地接受人生中必然存在的锥心之痛呢？

答案是深深的谦卑。面对人生的逆境，有时候，顺服和一颗谦卑的心，才是最有效的解药。人生会打击每一个人，因为现实太过庞大，远远超出我们的掌控和理解范围。在人生面前，人类感到渺小、微不足道、无能为力。

比起"忍忍吧"和其他现成、老套的强硬派座右铭，拥有一颗谦卑的心，才是能走得最长远的选择。许多陈腔滥调确实可以暂时扶我们一把，但事实上并未帮助我们前进。这些老套说词或许可以短暂达到安抚效果，帮助我们度过失眠的夜晚，但是过了某个期限，这套说词将不再有益，甚至变得有害。这时候，只有谦卑能引领我们走出难关。

遭受打击时，并不是每个人都愿意放开心胸接受事实，但我还是要再次提醒大家，不要看轻失落绝望的感受，停下来好好感受内心的不平与愤怒。有时候，你必须承认自己的挫败感，才能正视内心的感受，从而感到真正的乐观。不要用老套说法、忙碌生活或酒精来解决问题；相反地，给自己多点时间感受悲伤、无助、愤怒、无力、恐惧，因为那才是你真正的感受。有些事情的发生不是你的选择，但既然已经走上这条路，就让自己彻底感受愤怒或失望吧！

心灵小径：真正的谦卑

放弃或逃避并不是顺服。真正的顺服是单纯地感受所有的情绪，不批判自己，也不批判任何情绪。

然后重新来过。

要是你今天被开除了，大可骂声："靠！"不，对自己好一点，骂个十次表示抗议吧！给自己一个机会承认："衰透了！"让自己有机会感受情绪。发泄完毕之后，深呼吸，就能感受到体内累积的挫败感和怒气烟消云散。我们必须清出空间留给新的感受，毕竟谁也不知道，下一秒会发生什么事。搞不好没了原来的工作，却让你得到一份更好的工作。谁知道呢？

这种思考方式难道还算是“负面思考”吗？发牢骚和抱怨真的一点帮助都没有吗？绝对不是，因为我是一个非常正面的人！令我不满的是，人们被教导要压抑、掩饰自己的感受和情绪。相信“正向思考”的人，一般最能接受这种做法，许多人也经常视为圭臬。我接触过许多遭受重大打击的人，帮助他们重建生活。这些经验使我坚信，人们不该忽略自身感受，不论是通过正向思考或“情绪回避”达到此目的，都只会适得其反；单单用“神的旨意”、“神的安排”或“宿命”来解释事情的发展，无法帮助我们平复当下的心情。老实说，那些告诉你“该怀抱什么样心情”的说法，在现实中完全没有用，最好的做法还是面对现实。

心灵小径：诚心接纳

谦卑就是诚心接纳。

——西蒙娜·薇依（Simone Weil）

我自己的疗愈过程，就是从学会如何发怒开始，然后才学会真正感受愤怒。我还记得，可以连续好几个小时，内心都充满对上帝的怨愤和怒火，有股冲动想要破坏这个世界，为女儿报仇。这股怒气宣泄而出之后，我才多了余力察觉上帝眼中的泪——上帝和我一样，为我的失去而落泪。我不再感到与世隔绝或孤独，也不再责怪上帝。

这个经验改变了一切。如果我不曾也不敢对上帝动怒，若我强压怒火，否认并回避自身的感受，我不可能对上帝和生命有如此深层的感受。

我不是鼓励大家对上帝发火，因为每个人面对失去和逆境都有不同的反应。我想说的是，无论你正在经历什么，都必须让自己真正去感受，真正活着！经历这些情绪，才能让我们成长茁壮，懂得如何面对“真实人生”。这样的经历最终将赐予我们力量，走出逆境的阴影。不要试图跳过这段过程，或是自我感觉良好地强加“正向力量”于其上；更不要试图导正或抢救，因为这些都只会干涉成长、和解与疗愈的过程。

将安全感与尊重给予深陷悲伤泥沼的人，是一项神圣的任务。我和痛失亲人的个人或家庭相处时，主要目标就是陪伴。真正的陪伴，是鼓励他们分享内心的感受；一旦他们明白，伤痛时感到惊慌失措、毫无防备都是正常的，才能开始有所改变。他们会发现自己并不孤单，更没有疯，慢慢就能找到走下去的力量。

两重性

不可否认，人生不是公平的。矛盾的是，只要我们认真思考，就会发现人生已经超出公平所能衡量的范围了。人生可说是个奇迹，只有在最失落、最心碎的时刻，我们才能萌生最大的希望、最深的信念，人生也才得以完整。

在混沌未知当中，我们得以发掘意义深远的生命真相，得以学会感恩，得以培养出远见与信心。我们总是在亲身体验生命的转捩点之后，才明了生命的意义，随之肃然起敬。完全的空虚迎来了圆满，静默富含着深意，怀疑之后是更深的了解，人与人之间的关系也因各种事件而更显珍贵。原本看似一成不变的生活，现在看来却充满抚慰作用；原本看似不敬的言行，现在看来却体现了幽默与自在。我们了解到，自己也是生命奥秘的一部分；意识到这个事实，让我们得以从绝望的灰烬中重生。

心灵小径：灰烬中重生

人生不是公平的……人生原本就不是用公平所能衡量的。有时，最真切的希望萌生于生命最困难的时刻，就像浴火凤凰那般从失去中诞生。13 世纪的诗人鲁米（Rumi）写过一句话："悲伤是怜悯的花园。"

这个社会上的人，一看到病痛就抢着开药，一感到空虚就忙着转移注意力，一遇到问题就急着解决，没有片刻愿意停留在不确定的氛围中，所以也没有机会面对失去后产生的空虚。然而，若是在那充满不确定的片刻，我们愿意停驻，给予自己足够的时间，就会发现藏在空虚背后的圆满、藏在痛苦背后的恩典，以及疑念背后的肯定。有时候，我们需要的仅仅是松开紧握的双手，让自己畅快呼吸。

我指的并不是人造的、虚伪的希望与信念，而是诞生于谦卑的真实希望。这些经历让我们成长，塑造我们的人格，使我们更坚强、更善良、更有能耐。这些经历也让我们成为其他人的重要依靠，让我们多了智慧，少了批判，还能给予他人安全感，成为明理且不带偏见的见证人，守护那些梦碎的人们，为他们保存希望。

越是明白人生不是公平的，反倒越能看清人生不是公平所能衡量的。领会这个道理，学着品尝其中滋味，学会怀着感恩的心活下去。

我在引言中提到的早晨海滩漫步，地点在托瑞松州立海滩（Torrey Pines State Beach），那通常就是我冥想的时刻。奋力爬上海崖时，我心里总是想着人生种种不公平之处，像极一场艰苦的战斗。这时候，脑中只有各种抗议的声音和吵闹的杂音，我让自己尽情发泄心中涌现的挫败感和愤怒感。不公平的人生如同上坡一样艰辛，发生的事件像是路障般阻挡我登顶。有时候，我甚至会自言自语地大声抗议，或是用小心选择过的字眼谩骂不满的对象。花了很长一段时间，我才学会不带批判地让心中的不满静静流过。

登上海崖后，往下走就是海滩。下坡路蜿蜒崎岖，我必须专注脚下的每一步。走下海崖的路，帮助我练习专注于当下。树梢浮现的光影令我着迷，迷迭香和鼠尾草的香味令我流连，鹈鹕和海豚停驻的海景让我出神。

走下海滩前，我习惯停驻一处高地，深呼吸看着眼前一整片令人敬畏的壮丽大海，想着海面下还有一整个世界。等到我下到崖底的海滩，心境已转为感恩，心中怀抱一切，想着各种让我心怀感激的琐碎小事：两个女儿给我的爱、我的家人和朋友、我的工作能力、我的健康、他人释出的善意、世上所有良善的人事物、大自然的壮丽，还有我的海滩漫步以及我的人生，一切的一切我都感激。

感恩生命中大大小小的人事物，有时候能让我感动到落泪。在我们身边，无论什么时候，都充满着美好与富足——只要我们愿意睁眼，就能看见。

从海滩回家的路上，我恍然了悟没有人会只接触到事情的一面，因为生命是一体两面的。不论是残酷严苛的不公待遇，还是人生不可思议的公平性，只有对两者都敞开心胸，才能与现实人生握手言和。

整理你的思绪

方法一

为了提升自我意识，试问自己：“我是不是期待人生是公平的？我是不是因为受伤或失望而对人生怀恨在心？”

方法二

如果前一个活动中得到的答案是肯定的，那就一一列出你对人生感到失望的原因，并且在每一项原因旁边写出：“如果要消除内心的怨愤，我需要做的是________。”

你可以和信任的朋友或咨询对象讨论内容。

方法三

在人生最不公的时刻，下列选项中有哪些能帮助你用谦卑的态度来面对？

在一天之始，拨出片刻想想自己生命中的美好与恩典，以及厄运与困境。

遭遇困境或感到心烦意乱的时候，记得深呼吸，让所有的感受像海水般冲刷内心，不带批判地拥抱海浪，然后让潮水退去。

千万记得，希望的种子会在最意想不到的地方生根，巨石下也可能长出柔嫩的新芽。

应用个人经历中学到的能力，帮助陷在困境中的朋友。正因为经历过失去，所以是家人朋友最坚强、最有同理心的支柱。

准则 2

转机在任何时候都可能发生

永远保持开放的心

几年前，二十多岁的茱莉参加了一场由我带领的“伴侣关系工作坊”。在那之前，有好几年的时间，茱莉都在一连串失败的恋爱经验中挣扎，遇到的男人不但都无法在情感上给予支持，有时甚至会带来情感伤害。茱莉称呼这些男人为“坏男孩”。在一连几次痛苦的分手经验后，她开始有了常见的结论：“这世上没有半个好男人。”茱莉承认，得到这个结论对她没有帮助，只让她觉得更加无助。她想要再次体验怀抱希望的感觉，但也明白自己必须用全新的角度看待事情，这意味着改变。

茱莉一个人来参加我的工作坊，在过程中学到了第二条真实准则：转机在任何时候都可能发生。简单地说，这条准则其实就是“别放弃”。不管现在是在走好运还是走霉运，你想要的未来都可能在人生的下一个转角等着你。只要拐过这个转角，就可能遇到完美的工作或一生的挚爱，也可能碰上一场奇迹般的手术救活了你的家人，或是找到打破过去一贯模式的方法，不再进入失败关系。

工作坊快结束时，我告诉茱莉："试着打破过去让你一再选到坏男孩的惯性，看看会发生什么事吧！没人可以预料到会发生什么事！"

过了近十年之后，我再度联系上茱莉。当然，这时她已三十多岁了。她告诉我，她找了心理咨询师，很努力地试着打破自己的惯性，"运气"也因此开始改变。她遇见一个聪明、幽默、和善的男人，叫他"好男孩"。两人约会两年后结婚了，双方都很快乐，并且计划着一起养儿育女，而这也是茱莉一直以来的梦想。

但是几年过去了，这对夫妻慢慢发现两人无法生育。茱莉花了六年的时间尝试怀孕，其间的压力与挫折不言而喻。她38 岁了，感到极度沮丧，这是人生中第二度让她感觉已经放弃了所有希望。但是这一次，第二条真实准则拉了茱莉一把。在她的坚持下，夫妻俩找了一位很棒的妇科医生，寻求专业意见。

茱莉最近寄了一封电子邮件给我，附件中是她和先生抱着刚出生的小女婴的合照。

经历失去或困境时，我们的自然反应经常是把心灵和头脑封闭起来。撤退是为了保护自己不受更深的伤害，所以我们硬起心肠，麻痹自己；然而，开放的心胸其实才是最好的防护，是让事情产生转机的最佳保障。虽然伤口需要时间复原，但是，一直将自我防卫当成保护盾牌，长期看来绝非明智之举。

在每个人生转角处，每个人都有无限的可能，或许是一件简单的小事（例如老友来访、惊喜小礼物、崭新商机），或许是意义重大的大事（例如婴儿出生、爷爷的肾脏移植手术成功）。失去生命中挚爱的人，还是可能在最出乎意料的时候，遇见另一个美好，另一次爱的机会。

人生中有许多时候，你不再相信自己，或是觉得自己被打败了，很想要放弃，你有的只是一丝微弱的希望。在这种时候，我的好兄弟阿沙就会说："坚持继续走下去的坚持。"这句话的意思是：保持开放的心胸，等待滂沱大雨过后的那道彩虹，等待悲剧带来的宽容体谅，等待在绝望中绽放的笑靥。好好控制住失望以保存希望，需要极大的勇气与信念，更是值得所有人花下半辈子深入研究的课题。

何时该前进，何时该放手

每个人心里都埋藏着各种希望与可能性，虽然细节之处可能不尽相同，但是想要的都一样：我们都希望自己和所爱的人能享有丰足的爱、健全的身心，以及充满意义的人生理想。有时候，一次领悟就能扭转情势，翻开人生新篇章；而领悟的契机藏在我们的意识之外，等着我们行动：前进，还是放手？

有多少人曾因放手而终于松了一口气，得到自由？你放手的，可能是一段苦撑已久的失败关系；或者是一份放不下的工作，赏你温饱却从来无法激起热情；又或者是一项永无进展的计划。放手然后继续前进吧！就算面对再艰困的局势也必须如此！我会在这本书中一再重复这个理念。现在，让我们从最有力却经常被忽略的步骤看起："原谅"。

原谅他人或是真心道歉请求原谅，都能带来改变甚至和解。一声简单的道歉，可以为人生和人际关系带来巨大的改变。道歉能消除心中巨大的负担，向生命灌注能量。

"放手"的相反做法，则是"前进"。这里所说的"前进"，是指勇敢地踏入未知，不论心中是否畏惧。人类的本能会营造安全稳定、有保护的环境，也就是所谓的舒适区。一开始，舒适区内可预测的人事物带给我们安全感，也拼凑出生活的架构，这可说是一件好事。但是，过了一定时间之后，待在舒适区内的坏处开始大过好处，因为我们逐渐失去自由。我们只是随着习惯而动作，适应能力与兴奋之情都开始减退。这时候，我们不得不按下"重新整理"的按钮，重新审视自己。

按下"重新整理"需要勇气，因为这表示你必须质疑过去熟悉的情境，甚至重新来过。我们被迫自问："现在怎么办？对于自己或者现状，我想要改变什么？"如果诚实面对这些问题，我们至少需要稍微调整自己，甚至可能需要来个大改造，调整风帆，朝着相反的方向驶去。

心灵小径：“放手”与“前进”

“放手”意味着切断所有束缚着我们的东西，不管是失败的关系、没有成就感的工作、或自我毁灭的念头，通通切断。“前进”是指奋力一搏，拥抱新契机。这两种做法都能让你敞开心胸，准备好迎接新的可能。

大多数人都不喜欢改变，因为待在安全舒适的环境比较开心；但是时间一到，我们就必须画清界线，承认“改变”的必要。有时候，我们只需要细微的改变，例如改变自己的感受：浇熄对远方某人多年来的怒火，或是不再坚持自己必须是对的。对象可能是任何人，可能是前任上司，也可能是你的父母或前妻。重点是，必须放下长久以来蚕食着内心的怒气，因为这么做可以彻底改变你的感受，帮助你前进。

生活中单纯的“新鲜事”，也可能成为人生转角处遇到的惊喜。有可能你终于报名了一直向往的歌唱班或舞蹈班，或者你总说想要动手 DIY，社区就刚好开了课。又或者你终于有机会学一门新语言，自己开一家新公司，周五开始放假，等等。有时候，这些改变帮助我们重新布置人生的舞台，为生命美好的崭新篇章铺路。

茱莉努力改变深植的惯性，得到的回报是挚爱的丈夫和小孩。我的另一位客户，则是通过每天一小时的和缓瑜伽与冥想，发掘了自己不曾想象过的能力：让自己的思绪沉淀。这让他觉得，自己真的像是换了个人似的。因此，全新的可能其实近在咫尺，发掘的过程并没有想象中困难。

可是，这不代表我们必须随时抓紧机会来改变。改变的发生是自然而然的，我们需要做的，只是留心自身的改变。有什么已经开始在变了？倾听自己的心声，开始关注内心最细微的改变！

如果你习惯有所保留，并且排斥改变，轻轻地推自己一把吧！如果你习惯向前冲刺，总是试图强迫改变发生，稍微喘口气吧！最重要的是，必须注意自己内心的起起伏伏。岸上的沙不得不随着潮水改变，重要的是，我们必须抽出时间观察沙岸的变化，然后才能化意念为行动。我们每天都会记得抽出时间读报纸、看新闻，却总是忘了抽出一点时间看看内心的“新闻”。

小细节的升华

你是不是经常忽略生命中的小细节呢？就像英文中有个说法：“鱼儿察觉不到大海的存在。”每天开车出入社区，年复一年，然后有一天，决定走路出门，竟然就发现一棵全世界最美的树站在邻居家门口，以前一直视而不见！这棵树和生命中其他许多事物一样，经常因为我们生活太过忙碌和匆促，不曾在脑海中留下痕迹。

心灵小径：回归

“回归”是指找出时间向自己报到。

你可以在早上起床时拨出几分钟放松，也可以将冥想排入每日行程。无论是哪一种做法，记得拨出时间回归到你的精神与情绪所在之处，并与之同在。

有时候，日常生活的繁琐，让我们忽略了藏在小细节中的宝藏；我们会因为视而不见，错过了小细节的美好。事实上，每一天很可能都因为一路狂奔，而与细节中的美好擦肩而过！但是，若是愿意将注意力放在小细节上，哪怕仅仅是片刻，都能为我们带来改变。关于世界、关于自我、枝微末节却意义深远的真相，将会在我们面前一一展开，如同一次觉醒。让人豁然开朗的契机，可能只是片刻宁静，或是一场梦境。有时，甚至在我们心情烦躁的时候、生命或幸福受到威胁的时候、所爱之人行为偏差的时候，我们会手忙脚乱地应付；但若是慢下脚步，这些时刻也可能成为觉醒的契机。

几年前，我有机会认识了汎美公司（TransAmerica）前总裁詹姆士·哈维（James Harvey），他是个很棒的人。当时我和费德曼博士（Dr. Meyer Friedman）正在合写一本书，博士是提出“A 型性格理论”的人，也是詹姆士的导师。写书过程中，我和詹姆士安排了一次面谈，地点就在他的办公室，也就是旧金山市中心的汎美金字塔顶层。我没见过比那更壮观的办公室视野了，整个旧金山都在他的脚下。

之前，詹姆士差点因心脏病突发而送命，我们见面时，他刚动完心脏搭桥手术。我们坐在旧金山的天际线边，眺望着脚下的城市地标。詹姆士为我介绍所有的地标，我们就像两个小男孩一样，睁着求知若渴的双眼望着窗外的世界。他说着何处曾因地震受创、哪里是美术馆，还告诉我从海上飘来的云气如何影响当地天气。

他坦承：“手术之前，我从来没注意过这些。”与死神接触过后，他总算开始注意到身边事物的美。从前的他，工作一个接一个，标准 A 型性格冲劲十足的生活；现在的他，学会拨出时间，停下脚步，从宛如世界之巅的办公室好好欣赏这个世界。在心脏病发之前，他对这一切视若无睹，看不出这有什么值得激赏的；讽刺的是，他的濒死经验却挽救且丰富了他的人生。

有时候，我们需要经历一场危机才会改变。当健康出了问题时，心灵中的某个部分才会被唤醒，体内生出前所未有的力量，让我们紧紧拥抱人生。有时候，我们需要病了才能康复。

尽管身在竞争激烈的商场中，詹姆士还是慢下了脚步，欣赏生活中所有美好的事物。

我们不需要等到离婚、失业或大限将至，才开始过生活。每个人都有足够的能力与感受力，欣赏生活中的美好事物；不过，并非每个人都能有效运用这项能力。虽然我们有能力观察到许多事，但很可惜的是，我们经常只注意到其中非常小的一部分，而生活中的微妙时机、贴心感受也经常因此擦身而过。其实，如果学会慢下脚步、更用心观察，就可以活得更生动、更清醒、更踏实。

真实准则第二条就是，在人生的每一个转角处，学会发掘出自身拥有的最大可能，以及这个世界的各种可能。让我们见证生命的奇迹，打开心胸享受美好的时光、美丽的事物与平静的心灵。打开心胸接受浩瀚吧！贴近细微的事物是很个人的事情，要从慢下脚步和提高注意力开始，然后通过行动来实现。例如，拨出时间上瑜伽课，或真心地道歉，补偿那些关心你的人。我们可以有一千零一种方式为自己充电，也可以什么都不做，只要能让一天过得更开心、更美好。然而，首先要做的事，就是睁开双眼、清空思绪，学会察觉人生细节中的美好。

脱离困境

绝大多数人都曾面临撞墙期，感觉自己被束缚、卡死、落入陷阱，没有援手，也没有后路；觉得自己被打败了，濒临放弃的边缘；尝试过所有的可能之后，却发现没有半点改变。这种感觉就像，每次想逃脱却又撞上另一堵墙。因此，我们对自己、他人与人生都失去了信心，挫败地想："想也知道转角另一头有什么，不过就是另一面高墙。"

脱离困境需要高超的技巧，要是有人说很简单，肯定是骗人的。而且，走出撞墙期的过程通常相当缓慢，发生的时机也相当微妙。不需想得太激进，不需要辞职、离开配偶或家人，也不需跑去印度住在寺庙里。最好能从小事开始，深呼吸，再次确认自己的心意。

囚禁我们心灵的，其实是恐惧、愤怒、焦躁、罪恶感，以及严厉的自我批判。何不试着让自己从这些情绪中解放出来？何不试着一步步发掘更多的可能性？若是想抛开伤害你或拖累你的事物，第一步该怎么做？该怎么做，才能让自己重拾信心，重新追逐梦想？

让我告诉你一个秘诀吧！你必须清空情绪，发泄出来，然后放手！多年来，我一直采用一套"情绪清空练习"。客户告诉我，这是他们最爱的活动。我问他们为什么，他们说这个活动释放了怒气这类负面情绪，让他们得以自由向前迈进。他们也表示，这项练习对于维护亲密关系特别有帮助，无形间增强了他们内心的能量。

第一步，写下 25 件让你火大（甚至暴怒）的事，内容必须针对特定的个人或团体。如果你是在生自己的气，对象就是自己。每个句子的开头都是："去死吧你！因为你……"你的任务就是完成这个句子，没有任何保留地写下你想说的话！不用委婉（虽然你可能觉得不应该这么粗鲁），就让他们去承受！让这些人为他们的所作所为或无所作为受到惩罚吧！累积到 25 个句子之前都不要停。写完后，大声念出来，想象你真的在对那个人说话，这是"清空"的重要步骤，你会惊讶自己长久以来竟然累积了如此大量的怒气。

清理完怒气之后（不受伤地坦然面对内心长久积存的情绪），准备好进入这个活动的第二步骤。这个环节与前面的咒骂相反，你的任务是感谢特定的个人或团体。如果你已经准备好了，就直接开始吧！但如果需要时间，休息多久都没关系。

等到你准备好了，就用"谢谢你，你做了……"作为句子开头，写下 25 件让你感恩在心的事；不论是大事小事，只要是让你心怀感激的，就全部写出来（如果这个过程让你忍不住掉泪，也不必太惊讶）。接着，想象感谢的对象就站在面前，大声说出你的感谢。表达感谢可以激起强烈的感受，还能唤起久被遗忘的回忆，是非常有效的心理暗示。向某人述说他在你心中重要性的这种过程，有助于解放心灵。

这个活动的目的，是要帮助你清空思绪、敞开心胸；或许还能促使你好好坐下来，找个人吐露心声或说出感谢。你需要好好想想，自己为何想要了结这些恩恩怨怨；也必须意识到，自己的期待和处理方式是什么。疗愈与和解是很好的动机，补偿和惩罚可不是。

把深层的感受说出来，不论是愤怒或感激，如此才能与痛苦的过去达成和解。就算整个过程只发生在我们心里和脑海中，也已足够为我们清出一条道路，通向平坦的未来。

清空思绪、走出死胡同的开始，通常都是对自己的一份善意与怜悯。我们会逐渐发现，其实所有人都走在成长与寻求肯定的路途上。因此，为了过去、现在或无法确知的未来而刁难自己，实在没有必要。如果想要迎向更好的人生，就要学会对自己好一点，对自己多点耐心，为自己加油打气，停止自我批判和恐吓，让罪恶感慢慢散去。深吸一口气，清理出郁积的怨愤，让语调更有耐心、更激励人心。每天都抛开一部分痛苦的过去，慢慢踏入人生的温暖光晕中，享受生活中更大的可能性。

整理你的思绪

■ 方法一

从 1 分到 10 分，你会为自己平衡“失望”与“希望”的能力打几分（10 分为“极好”）？

■ 方法二

有情绪或感受时，你习惯抓紧不放，还是让它过去？习惯表达还是压抑?

■ 方法三

在你的生活中，有没有某些事情让你觉得走入了死胡同，需要突破? 请详述。

■ 方法四

是什么让你裹足不前，停留在原地? 怎么做能获得解放?

■ 方法五

底下几种做法能帮助你获得更多时间与空间，让生活有更多更好的可能性。勾选你愿意尝试的做法:

参与和缓瑜伽或冥想的课程。

在社区附近散散步（如果社区安全的话），观察周遭的一切事物。

选一名你一直生气或怀恨在心的对象，原谅他。或者，请求他人原谅，采取行动展现诚意，为过去的所作所为（或无所作为）赎罪。

找出一项你喜爱的活动，最好是简单可行的，例如烹饪、园艺或填字游戏。学着在活动进行时进入平静状态，通过这个活动让心灵“回归”。

准则 3

人生不能讨价还价

人生是正在发生的当下

内心的秘密世界

每个人心中都有个秘密世界，在那里，我们与自己、与天使和上帝进行私人对谈。没有人愿意相信，自己的人生是任凭严苛的世界随机摆布的。所以，内心世界的对谈成了我们与世界的不成文协议，成了我们无意识的假设。

人们通常不会意识到这些秘密协议，意识到的时候，通常是因为表层的掩护被揭开了。突然间，事实真相曝光：这些内心谈话只是我们假装能掌控人生的自欺方式。在我们还来不及反应之前，“人生安全有保障”的假象就被戳破了，只好晾在那儿等死；不仅幻想破灭，还感到绝望、被遗弃。

我们很爱讨价还价。和售货员讨价还价，希望花费的钱能比标价便宜几块钱；和商业伙伴建立合作关系时，也对合作条件讨价还价，希望能通过协商，得到对自己最有利的结果。希望获得最大利益，这倒也无可厚非，毕竟要是自己不注意，还有谁会替你争取呢？既然我们都是自己最积极的拥护者，当人生开出我们不喜欢的条件时，试图讨价还价就是再自然也不过的事了。

心灵小径：让真相曝光

我们必须确认是否自以为与人生定下了某种协议，如此才能真正了解自己，找出人生的方向。

为了实实在在过生活，我们必须找出自己与人生做了哪些约定。这就像是第一次去找律师，律师会说："为了让你的案子成立，我需要知道你签署过的所有协议，还有你的假设与期待，把所有细节都告诉我。"

不同的是，这次的泄密对象不是律师，而是你自己（或者治疗师、精神导师或人生教练）。想要摆脱虚幻的秘密协议，开始接受人生的真相，首先就是要认清自己的妄想，不再活在童话故事般的虚构情节中，不再活在幻觉中。

找出这些秘密协议，承认这就是你大半辈子以来一直设立的假设，才能逐渐放手，因为真实人生中没有任何协议。

每个人都以为自己和人生达成了某种协议，但协议却在眼前破裂。我们都曾在事情发展不如预期时，感受过羞辱和悲伤。具体事件因人而异，可能是一生积蓄被诈骗一空，也可能是某人在你心中幻灭，又或者是家庭分崩离析。

走错路、路上耽搁、遭到背叛，还有其他各种预料之外的变数，每天都在发生，迫使我们偏离原本的道路。巨大的压力逼迫我们回头，或是寻找另一条路。举例来说，孩子在学校第一次上台表演，你担心迟到，提早 15 分钟出门，最后还是迟到半小时。或者，你已经计划好与爱人的浪漫约会，新老板却在下班前交给你一堆新工作，至少要花三小时才能完成。或者，你等待的班机在 2，000 里外受暴风雪阻挡，导致你无法赶上高中同学会。又或者，你支持的球队在大联盟冠军赛的第九局领先三分，最后却被迎头赶上，输了比赛。其实，失望、不便、失去和改变都只是人生的一部分。

若我们开始相信人生中没有协议，那又会如何？没有可以解决所有问题的神奇魔法，没有讨价还价的余地，没有豁免权，没有必然性。人生就是人生，永远都会是未解之谜。

如果我们能接受以上事实，就能与生命中的未知共存，甚至学会接受最难以预测的“生死”大事。死亡是不能讨价还价的，人们终须一死。但是，无法决定怎么死，又该怎么活呢？试着抛开恐惧吧！哪怕只是短暂的片刻，去拥抱未知和死亡，珍惜所拥有的时光，对死后世界的信念将成为你的“信仰”。

如此看待人生，每一天都是神圣的，每一段关系都是两人相遇相知的机会。我们应该珍惜生命中的每一个人，以及每天能与他们相处的机会；同样地，我们也应该珍惜自己，珍惜身心健康，所作所为都应该让自己更长寿、更开心。

这并不是说，和人生定下了秘密协议，就成了坏人或疯子。大多数人都习惯制定计划，甚至拟定备案，因为我们喜欢把鸡蛋放在不同的篮子里，这很正常。但是，当你用上全副精力和人生讨价还价之后，却发现根本没有协议存在，只有人生照着它自己的剧本在走，值得吗？虽然我们对自己的人生有很大的影响力，甚至还能刻意加强这股影响力，添加美好事物，运用想象力，创造爱与和平，等等；但是最终，我们无法扮演上帝。

在既有的年限内，该如何提升人生的品质呢？面对人生意外的发展时，该如何更从容地面对呢？如何学会珍惜眼前拥有的快乐与欢笑？如何活在当下？披头士主唱约翰·列侬在他的歌曲《想象》中，为这些问题提出许多可能的答案。他和妻子小野洋子打开成千上万歌迷的心房，让他们开始思考内心平静与世界和平的可能性。他们提倡的做法，就是以从容谦卑的态度来面对未知，放弃对错之辩，放弃恐惧。

真实协议

人们对协议的倚赖，来自内心深处的恐惧与欲望。我们不知道未来会发生什么事，又无法掌控未来，所以选择相信某一套说法来合理化世界运转的方式。这么做让人生变得可以预测，甚至死亡都不再是未知。

然而，真相其实是：真实的未来并不在未来。

未来就在当下，不在别处。我们不能一生都想着："等到……的时候，我就会快乐了。"这种想法是依着自身信念解读所有事物，不仅扭曲了现实，也阻碍了幸福、健康、原谅与爱。过程比结果更重要。真正的快乐，是一个人在当下对自己的现况感到安然自得，那是一种幸福，一份恩典。天堂就在这里，不在远方。最大的危机和转机都在当下，"当下"是转瞬即逝却又永恒的瞬间。怀着感恩的心，以从容的态度面对吧！因为人生不是即将展开的旅程，而是正在发生的当下！想要活得完整有意义，就从活在当下、参与自己眼前的人生开始。

有位朋友曾对我说："我家的狗有一根骨头可以啃就很开心了，它不会想：'我住芝加哥的话，能有几根骨头？我住华尔街的话，能有几根骨头？'一只狗都能做到，相信你我也可以。是时候认清现实了：人生的快乐与美好都在当下（追求美好"未来"的关键，通常就在"当下"，就在我们眼皮底下，多么讽刺）！

心灵小径：一根骨头哲学

狗的世界很简单，所以它们总是很快乐。如果你能专注于眼前所拥有的事物，相信你也会开心很多。

坏消息：你无法和人生签订协议。

好消息：你不需要制定协议，也能挖掘出人生蕴藏的美好。想要找到真正的生命意义与平静，就要专注于当下。神就在跟前，就在当下，一直都在。我们有责任敞开心胸拥抱人生，不要急着寻找下一根骨头，因而与人生擦肩而过。承认当下，承认这一刻，已然足够；就算这一刻并不完美，仍有缺陷，充满不确定性，它依旧神圣。

人生是一场豪华飨宴，虽然没了协议，却还有更多更好的。你能在任何时刻品尝经验、智慧、意识、觉悟的多汁果实，而你和生命中其他菜肴一样，也是飨宴的一部分。最大的阻碍，不消说，还是你自己。最大的挑战是觉醒，是必须拿出的勇气与信心。

整理你的思绪

我们以为自己和人生定下的不成文规定，通常就是阻碍我们尽情体验人生、享受人生的元凶。把这些假设摊在阳光下检视，并确认其真实性。认识真实人生，和它达成和解。

方法一

看看下面这些问题，写下你的答案：

你觉得自己和人生达成了哪些“协议”？例如：“我生活正当，我祷告，我上教堂，我固定锻炼身体，所以我对所有不好的事情都免疫。”

真实人生和以上协议有哪些矛盾的地方？

完成以下句子：“若人生其实不存在协议，那我会________。”

列出五项可以帮助你更加活在当下的事。

方法二

询问身边非常了解你的人，看看他们觉得你自以为和人生达成了什么协议。

准则 4

逃避现实就是浪费生命

拿出接受现实的勇气

最近，大家都在谈经济不景气，这个词不时出现在对话中。我也想谈谈经济，谈谈每个人一生中拥有的有限精力，还有我们该如何运用这些精力。

我们的精力会消耗在各式各样的事件中，举个经典的例子：有些人花了三年、五年、甚至七年，攻读法学院或医学院；直到终于毕业后，他们才意识到过去几年中，承受的庞大压力和付出的精力有多少。还有一些人，则是在搁浅的婚姻中耗费了数十年的时间，无法让情况好转，也无法画下句点。这些仅仅是显而易见的例子。每个人都只有有限的时间和精力，只有自己清楚时间和精力的分配情形。我们可能朝着目标前进，也可能只是在逃离某个人事物；不论是哪一种情况，我们都把精力投注了进去。经常发生的情况是，我们忙于日常生活的琐事，以至于早已忘了当初决定目前人生方向的原因。

试想，将一个百磅重的包袱背上肩，虽然沉重，但只要过了一阵子，都会因为习惯而遗忘背上实际多了一百磅的额外重量。你甚至不记得包袱里装了什么，也不再思考自己有没有其他选择，所以就继续背负着这个包袱到处走，“自然而然”承担了这份重量。人们总是将额外耗费的精力合理化，认定那是必然产生的代价，好像是人生中必然背负的沉重包袱。

想象一下吧，如果你能放下背上百磅重的包袱，感觉如何？若是能将包袱卸下，放在地上，转身离去，感觉如何？又会发生什么事？

如果我们停止奔跑，停下来好好清点自己到底是怎么分配、投资时间和精力的，会有什么发现呢？若是可以抛开所有隐藏的压力、憎恨、自我怀疑、罪恶感和无助感，解放自己，那会是什么感觉？如果放下一直背负的重担，不再消磨自己的时间与精力，那会怎么样？想要回答这些问题，必须先花些时间如实清点自己的所作所为，看清楚手边现有的选项，然后选出能为生活带来更大意义、更多欢乐的选项。

每个人应该都有程度不一的“解放”经验，例如一次度假，或是因暴风雪而停止上班的日子。等升迁等了好几年，等到终于实现的时候，突然觉得自己终于可以去做想做的事了。或者，对某人终于忍无可忍、气到抓狂或失望透顶，忍不住打破沉默，说出真实心声。在这些时刻，一股解放的感觉向你袭来，带给你力量和喘息空间，让你终于得以进行一直想做的事，让你终于可以开始实现梦想。

要是每天都能感受到同样的自由和能量，该有多好！

你可以的，我们全都可以。不要再把精力耗费在一百磅的包袱上，让自己成了生活的奴隶。有目标地投注精力，让自己可以朝着更美好、更有意义的人生前进。

当然，那也要你知道怎么做。

重新点燃生命的火焰

想到第四条准则，我就想到乔伊，他是我的客户，也是我心目中的英雄。某天醒来，乔伊发现自己最恐怖的梦魇竟然成真了，他的心灵因此麻痹了好几年。

乔伊有个女儿杰西卡。杰西卡是个杰出的年轻女孩，刚完成牙医助手的训练。她的好友遭到同居男友严重虐待，于是她下定决心要帮好友逃离危险的处境。所以，这天她来到了好友的家，帮她打包行李。

她们正要离开，却撞见刚回家的同居男友。这个男人发现杰西卡的企图，对她撂了句狠话："你死定了。"当天晚上，这个男人闯入杰西卡家杀害了她。乔伊在家中接到通知电话。

接下来好几年的时间，警方一直在搜索犯人；而仅仅是"活着"，对乔伊来说都难以忍受。从很多方面看来，他是在惩罚自己。杰西卡的生命被夺走了，这让乔伊觉得自己也必须赔上一部分人生。朋友邀他出门，但是他对牛排大餐或高尔夫球都提不起劲。或许他是想，女儿的人生都没了，我怎么还能享受我的人生呢？

亲朋好友试着将乔伊拉回生活轨道，但是对他来说，杰西卡没有机会享受的人生，让他来过简直就是一种亵渎。他被痛苦和愤怒吞噬，对生活失去了兴趣，陷入我称之为“悲痛昏迷”的状态。

真的有所谓“幸存者的罪恶感”吗？我敢肯定有，尤其是白发人送黑发人的时候。带着缺乏建设性的情绪生活，例如内疚感，会吸干人的精力；然而，悲剧发生后，阻碍我们前进的不仅仅是罪恶感，还有一种“我不配”的心态。在内心深处，乔伊觉得女儿的死太过悲惨，这让他不配继续享有人生。为人父母的，就像是注册登记了成为孩子的守护者，责任永远都在。尽管这种自责完全不理性，乔伊还是无法停止将女儿的死归咎到自己头上。他总觉得，自己原本可以通过某种方式，改变女儿不幸的命运，因而无法控制地用自责惩罚着自己。

每一天，我都和乔伊进行两个父亲的对谈，持续了好几年；慢慢地，他开始意识到重新过生活的意义。每隔几周，我们就会在一家汉堡店见面，这家店刚好在我们两家车程的中间点。我们会点一份半磅汉堡加健怡可乐，边吃边聊，有时气氛甚至可以称得上欢乐，这是好的开始。乔伊答应和几个死党一起去阿尔卑斯山，来趟摩托车之旅。但是，旅程的第一天，乔伊哭得泪流满面，这让出门旅行这个决定看起来很不明智；那时看来，让乔伊远离家的慰藉，或许是个错误的决定。但是第二天，他们骑经令人屏息的高山草原，情况开始好转。乔伊后来描述：“突然之间，我能呼吸了。我深深吸了一口气，让空气胀满肺部。”他在第一天释放了部分痛苦，为人生空出一点空间。原本因为内疚、愤怒和自责，乔伊消耗了大量精力，甚至觉得自己不值得拥有人生，但是现在终于又可以呼吸了。

心灵小径：呼吸的力量

乔伊形容疗愈过程中的关键时刻，就像是深深吸了一口气。这样的譬喻不只是巧合，自然的呼吸过程与我们的核心自我是连成一气的；呼吸愈深，表示我们与真实自我和周遭世界的距离就愈紧密。这也是瑜伽和冥想这类活动非常重视呼吸的原因，因为通过呼吸能创造出新的空间，重新注入活力。

乔伊持续清理内心中未被痛苦占满的空间，装入了一定程度的平静与欢笑。现在乔伊恢复得很好，不再逃避现实，他找到了面对女儿死去、平衡自身情绪的方式。最重要的是，他改变了自责的心态，情况因而有了很大的改变。乔伊找到了新的能量来源，这是一切改变的源头。现在我们相处时，开玩笑的时候变多了，有时甚至会一起去打个一两场高尔夫。他慢慢地再度拥抱了人生，有时仍会因为想起美丽的女儿而哭泣，或因为思念而哭泣，这点大概永远不会变；但是，他已经成功找回自己的人生，已经重新开始呼吸。乔伊是我的英雄，我喜欢他说的："我的生命又再次燃烧了，兄弟！"

你的精力都花在哪儿呢？是否有一段关系或一场事件正在吸干你的生命？如涌泉般的能量或许距你仅仅一步之遥，或许只要一句谢谢或对不起、或是一句好话就能得到。无论如何，能量来源肯定没有你想象的那么遥远，现在就是采取必要行动、解放自己的最佳时刻。

清点一下自己的精力都用在哪里了吧，这可以帮助你更清楚地意识到自身现况，甚至带给你深远的影响。抛开让人瘫痪的内疚感、恐惧感、怨气和自我限制，重新点燃内心对人生的热情吧！

整理你的思绪

有时候，要找出自己把精力花到哪儿了并不容易，因为我们已经太习惯背着那重达百磅的包袱到处跑了。抽出时间清查一下自己的精力分配情形，找出是什么榨干了你的时间和精力。

方法一

勾选占用了你的时间和精力的选项。

耗神费力的一段关系或一份工作。

罪恶感，或是自认为不值得的感觉。

不敢结束却也不敢摊牌的一段关系。

内心感到自尊心与自我价值皆低，令人沮丧。

排满社交活动的生活。

长期过度投注心力于学业或事业。

花费太多时间和精力于网络（或是电脑、智能手机）。

方法二

辨认出生活中吸走时间与精力的事物，只是一半的路程；一旦找出问题所在，列出三项有助于解放自己的做法。

方法三

写封信给自己，说说解放自己、空出时间精力、让心灵轻盈的意义。告诉自己，接下来六个月该怎么改变现状，六个月后再重新打开这封信阅读。

方法四

列出 25 项能为你注入活力的事情。例如骑马、阅读、洗澡、写日记、获得大大的拥抱、在火炉前放松、在花园里侍弄花草，等等。

准则 5

心碎是心灵成长必经之路

管理爱与亲密关系

心碎的经验被妖魔化了。

你大概觉得我是疯了才会这么说，毕竟我们终其一生都拼老命避开心碎、受非难和被拒绝的可能。原因显而易见：因为我们觉得这类经验很伤人、很不幸。所以，谁会相信心碎其实并不悲惨呢？

但是，若我们不曾拿人生和爱去冒险，不曾真心投入，在人生终点能得到什么呢？剩下的不就只是一具空洞、无价值的躯壳，无法证明我们曾经存在过？还是你期待着能衣食无虞、幸福快乐？或许，不投入真心的确能因此不受到重大伤害，却也表示你不能冒任何风险。你的心将会像 1967 年出厂却一直保持在出场状态的跑车，因为担心刮坏车漆，一直尘封在车库中；还是你更愿意像一部里程数上万的跑车，车身上有刮痕，有污渍，还有无限的回忆？

真实准则第五条告诉我们：心碎是心灵成长必经之路。

如果说，人生是由各种交换条件构成，那么，其中最美好也最难懂的就是“爱”。敞开心胸去爱的人，才能让生活多彩多姿，过得心满意足；但是，他们同时也最可能经历心碎、分离和失去的痛苦。人生有尽头，人与人的关系也是。某一天，你会以某种方式失去挚爱。

我说的不只是浪漫的爱情，还有父母和子女间双向的亲情，也包括亲兄弟姐妹、堂表兄弟姐妹、挚友之间的感情，还有军中同袍、同队队友的情谊——“爱”以各种形式在我们之间蔓延。但是，每一段关系都有一个共同前提：你必须对另一个人敞开心胸，暴露脆弱的一面，让他们看见真实的你；这么做的同时，将会冒着随时可能失去他们的风险。

心碎并不是坏事，因为这代表着我们曾经很慷慨地敞开心房，欢迎另一个人进入。那是因为，我们都希望在人生尽头拥有一颗充实的心。

想象你正在解剖一颗心，这颗心终其一生都把自己保护得好好的，藏得远远的，就像那辆停在车库里的跑车。这颗心的动脉都硬化了，而且被铜墙铁壁环绕，周围尽是恐惧所衍生出的各种借口，以及合理化、自圆其说的论点和解释。还记得健康教育课本中吸烟者的肺部图片吗？封闭的心看起来更糟，乌黑腐败，惨不忍睹。

现在，换成想象解剖一颗活得很充实的心吧！这颗心懂得敞开自己，腾出空间给新事物，还懂得如何忠于自我，因此爱的容量持续上升。大概也因为暴露在外，这颗心经历了刻骨铭心的伤痛，但那是冒险的必然代价。如果敞开心胸、甘冒风险去爱人，就迟早会感受到心痛，这是人生早已订下的规矩。让心去冒险吧，慷慨付出爱吧！然后，感恩你收到的回报，如此就能获得人生最美好的礼物。过程中可能会有一两次心碎，但丰厚的回报会让一切伤痛都值得。

回到我们刚刚想象的那颗心吧！我想，所有人都希望自己的心被解剖时，解剖人会说："看看这颗心！这颗心完整地爱过，付出了全部！献出了所有的爱与感动、激情与柔情！还不只如此，看看这里！这颗心也接受了大量的爱，难怪它看起来这么圆满！如果要计算这颗心所拥有的爱，就必须算入曾经被这颗心感动过的所有人，因为爱就在这些人的笑容和回忆里。这颗心付出的爱，现在已成为他们的一部分。"

心灵小径：操劳的心

为一颗"操劳的心"欢呼，听起来有点没人性；但要知道，我们的心可不是石化燃料，不是有限的资源。事实上，愈常使用我们的心，就能创造出愈多的爱；付出愈多，得到的回报也愈多。记得，心是肌肉，愈锻炼愈坚韧。

孤注一掷

同时爱与被爱，是全世界最美好的感受，就像是登上了世界之巅。与自己刚出生的宝宝第一次见面时，心中就可能涌上这种美好的感受（刚出生的女儿被我抱在怀中，是我人生最快乐的时刻）。与人生伴侣心有灵犀时，甚至在病重老妈妈的 89 岁生日派对上，都可能经历这样的感受（我的个人经历）。老妈妈对子女的爱，从出生的那一刻开始，随着岁月只增不减。

任何体会过爱的力量的人，都会知道，爱让人精神为之一振，活得更起劲。但是，不管我们多爱对方，无法否认的事实是：有朝一日，我们将失去对方。尽管如此，这是我们必须承受的风险。我们在俗世的所有关系，最终将以死亡或其他原因结束。

离婚、分居、不和、疾病、丧失心智等等“活生生的失去”，恐怕是其中最难以忍受的。有些父母心痛地告诉我：“我和儿子关系疏远”或“我女儿已经失踪两个月了”。他们因无法了解情况而痛苦。对我的友人贝丝和其他许多父母而言，想象自己的孩子已经死了或正在受苦，简直就是一种酷刑（贝丝的女儿娜塔莉几年前在阿鲁巴岛失踪）。这让我想起曾经辅导过的 911 受难者家属，他们等了又等，其实只是等着确认心底早已明白的事实。他们唯一的期待，只是希望有关单位能通过 DNA 辨识遗体，让家人安息。那样的等待，那样的不确定，那种活生生的失去，是需要永恒的时间来疗愈的伤痛。

“失去的痛”如此吓人、如此具有毁灭性，为何一开始还要“爱”呢？

因此，有些人决定不冒这个险。或许是觉得人生已经够痛苦了，又或者原本应该给予爱的父母、亲戚、配偶背叛了信任，所以有些人决定不爱了。

年幼时是否感受到爱，决定了我们成人后是否愿意敞开心胸。在这茫茫世界上寻找方向的时候，每个人都有一套自保的方式；而最后决定方向的，通常正是爱与亲密关系。每次展开一段新感情，或是在原有感情中更进一步之前，我们都会自觉或不自觉地问：“安全吗？”拉近彼此的距离，安全吗？真的要让对方看到真实的我吗？真的要信任他，把心都交给他吗？

要在一段关系中建立起安全感与亲密感，其中所需的技巧，恐怕一辈子也学不完。与另一个人分享自己的生活、梦想和心灵，正是亲密关系的实现。我们都是边走边学，有时举步维艰、互相踩脚，有时则一飞冲天。有时候，我们将自己最无私大爱的一面展现出来，成功地实现自我；但也有些时候，某些事件触发我们最黑暗的一面，让我们变得冷酷又自私。

在亲密关系中，许多人犯下的最大错误，就是打出安全牌。顺其自然地在安全范围内行走，就不必冒太大的风险。我们告诉自己：“反正没啥好损失的。”我们压抑心底的需要和感受，不让伴侣或家人知道，因为我们担心，说出自己的心声，只会让事情更糟；但实际上，这么做反而是最危险的。沉默会瘫痪我们的关系，更斩断了我们与挚爱之间的亲密连结。等到这笔感情债终于到期（肯定有到期的一天），积蓄着感情洪水的闸门大开，我们才发现自己当初的决定错得有多离谱。伪装自己、不投入任何感情、自以为能永远掩盖事实……最终将酿成一场灾难。

不是建立在感情上的婚姻，最终只能是平庸，甚至还更糟。想要与另一个人建立真正的伴侣关系，就必须把关系建立在事实上，而不是建构在幻觉和谎言上，当然更不是建构在虚假的亲密上。不要因为没有真实的亲密感，就刻意做出老套的亲密举动，试图填补关系中的空洞。亲密关系必须建筑在事实和真相上，更要建筑在彼此真实的自我上。

心灵小径：爱的良药

医治爱的唯一良药，就是更多的爱。

——梭罗（Henry David Thoreau）

要让自己敞开心胸去爱，就必须冒险。我们需要足够的勇气，才敢冒险让他人了解自己，让他人看到自己最深层的一面。勇敢地去了解另一个人，与他融合，让两人的生活合而为一，其中的赌注正是我们的心。深爱某人可能会使你遭受一生中最严重的背叛，但也会是一生中最令人热血沸腾的经验。爱过一个人，不管对象是子女、父母、伴侣或朋友，都能让生命更加丰富，并且让心灵成长。在世界运转的机制中，“爱”是风险最高的冒险，却也是最值得骄傲的经历。

聪明的心

有些人充满爱心、负责任且值得信任，和这样的人打交道，能帮助你做出正确的决定；相反地，有心人不真诚且鲁莽，这样的人不值得信赖，因为他们只会让你做出傻事。这就是第五条准则需要注意的地方：要拿“爱”来冒什么样的险，需要一次聪明的决定。不要把你的心交给那些不愿以真实自我示人的人，也不要选择那些待人恶劣、无法给予精神支持的人。信任必须通过行动去争取，还必须持续巩固。

心灵小径：爱得聪明

人际关系是人生中的一趟精神之旅，和其他伟大的精神追求一样，路途中不乏前人之辙与坑坑洼洼，极富挑战。爱得聪明就是指，要看清沿途的危险和障碍，同时保持一颗开放、柔软的心。

但是，就算我们做出聪明的选择，有时候，爱仍会让人疯狂、让人盲目。我们都能举出一些过去曾因为爱或迷恋而做出的傻事，甚至是愚蠢至极的事。可以想象一颗沉浸在爱中的心会高声歌唱，在一片水仙花田中奔跑跳跃，因为刚获得一份爱的时候，感觉就像所有梦想都将实现。我们会告诉自己：就快得到想要的一切了！

这种想法可能对，也可能不对，因为我们的梦想可能会实现，也可能不会。不论是哪一种情况，每一段新关系开始之前，记得先退一步，衡量一下即将承受的风险。你有动脑筋吗？真的了解这个人吗？是否完全诚实以对？这是个聪明的决定吗？是不是在粉饰太平（找借口来合理化并正当化对方的所作所为）？如果是，是时候坚强起来面对真实的自己了！礼貌地与对方沟通，不用害怕，做你该做的，让一切自然发生。

在一段既有的感情中，爱得聪明格外重要。一段关系不仅仅是与另一个人的连结，还是一条向前延展的精神道路。经营一段亲密关系，是世上最具启发性、最能让人感动、最能令人谦卑的经验，更是一股成长的动力。人们最“幼稚”的那一面，总是在亲密关系中浮现，因为我们的心防遭受挑战，慢慢卸下，真实的自我不得不现身。不同的是，有些人的自我会顺从地现身，有些人的自我却会哭叫要赖着不肯走出内心的堡垒。

显然，走在这条精神道路上，大多时候都能让人成长。我鼓励伴侣们尽其所能鼓起勇气，面对并跨越阻碍亲密关系的“路障”。这段过程中，“沟通”是关键。如果一段关系出现问题，一定要好好谈谈这件事！在所有关系中都建立起良好的沟通，才有希望突破自我，提升自我，展露出亲密、有爱、宽厚、值得信任的一面。唯有通过沟通，才有可能让心中由恐惧堆砌而成的高墙倒下。

“恐惧”原本是求生本能，却也可能对生命造成威胁。我们必须清楚自我保护的界线，因为若是过度自我保护，反而会降低爱的能力，甚至会威胁到自身安全。我们需要找到更健康且强有力的方式来自保，才不必牺牲亲密关系。举例来说，我们不该为求自保去合理化伴侣的言行，而应该正视问题。

要培养亲密感，最好的方法就是“坦白”，不再玩心理游戏，而是待人以诚；就算有时候很难做到，还是要坚持坦承相对。瑞士精神病学家荣格（Carl Jung）提出极有说服力的说法，他认为每个人都有“阴暗面”，而阴暗面中的那一小部分自我，感受到的是恐惧、嫉妒和自大等负面情感。阴暗面的存在，让人感到不太体面（甚至可耻），所以人们才会试图隐藏、否认、压抑并逃避这个事实，想要假装阴暗面并不存在。

然而，就是有阴暗面，才证明我们是人。所有人都有黑暗的一面，重要的是要学会如何驾驭阴暗面的力量。我们要了解并掌控阴暗面，而不要只因觉得可耻就试图隐藏。与伴侣坦承交流的时候，就是掌握自身阴暗面的最好时机，因为这时你的伴侣也同时在尝试了解并掌控自己的阴暗面。有时候，我们会被爱情或野心蒙了眼，看不清对方的阴暗面，成为伴侣之后只能说是自找罪受。我们该做的其实很简单：控制好自己的阴暗面，了解亲密对象的阴暗面，不要让阴暗面掌控了你。

心灵小径：阴暗面

阴暗面通常会在特定情况下浮现，可说是不完美的自我。每一个人都有阴暗面，无一例外。想要驾驭阴暗面，先从坦承内心感受到的恐惧和卑微开始。直视内心真相，才能控制这些情绪。坦荡与谦虚能让我们敞开心胸，解放自我。

多年前，为了营销第一本著作，我在媒体上大量曝光，跑马拉松似地举办了好几场签售会、工作坊和朗读会。在一连串活动接近尾声时，我拨了一通电话给我太太。

我说：“我在外面连续跑了三个星期，很快会回家待几天，希望回家后一切顺利。我实在太累了，全身像被掏空了一样，所以回家后可能没有精力寒暄问候。现在打这通电话，就是希望你要有心理准备。现在要回家的我身心俱疲，非常需要关爱，因为我不知道这一切会不会只是白忙。我只是想先让你知道，你可能要应付的状况。”

太太谢谢我的事前提醒，因为我对她的完全坦白，让她有足够的心理准备，可以照顾到她自己的感受，以及我们的关系。后来，我在床上当了几天的“植物人”，而她也将自己、孩子和我都照顾得很好。不论是什么样的情况，我们都可以在类似的事前沟通中，利用自己的阴暗面拉近与伴侣的关系。

一旦付出了爱，就代表敞开心胸欢迎改变；再怎么聪明的决定，都无法改变这个事实，这是生命的自然发展。在生命的尽头，所有人都想看到一颗能证明自己爱过也被爱过的心，记录着心灵成长的轨迹。

心碎的痛是无可言喻的，但是，只有勇敢、不计回报地去爱，做出聪明的选择，才算是真正活过。20 世纪的诗人里尔克（Rainer Maria Rilke）就曾说过：“不曾经历过失去的心，无瑕且安逸，却不会懂得温柔；只有历经战役的心，才能感到满足。它因放弃而自由，而伟大。”充实一生的最好证明，正是一颗运用到极致的心。

整理你的思绪

“爱”是人类的重要旅程之一。在每一次心碎背后，都藏着伟大的爱。这场“混乱人生”其实一直围绕着同一个主题，那就是“爱”。这一刻，我们心里满溢着爱；下一刻，我们的心可能碎落一地。

方法一

没有人可以逃避“心碎”，但是我们有责任明智地选择所要冒的风险，做出聪明的决定。以下列出几种让爱更丰富、更美好的做法，勾选出你最需要提醒自己注意的事项。

在一段亲密关系中，要无惧地交出自己。

把心交给一个人之前，要先好好地了解那个人。

练习如何对朋友、家人和伴侣展现你的爱意（肢体动作、共度时光、送小礼物，等等）。

心碎时，对自己温柔一点。还要记得，完整、勇敢地爱过，总比从没爱过好。

方法二

列出几个属于你的“阴暗面”的情绪和感受，鼓起勇气与伴侣、亲近的家人或朋友分享，借此让他们知道你愿意坦诚相见，愿意建立亲密关系，并且值得信任。

准则 6

没有人拥有绝对真理

学会对终极真相保持谦卑

我们经常会听到家人、朋友、政客和脱口秀主持人说："没事啦！"找不到合理解释又不知该如何应对时，他们就会抛出这句："没事啦！"2004 年，这句话甚至获选为《今日美国报》的年度"运动家名言"。不过，这句话早就落伍了，取而代之的说法是："事情就是如此。"

"事情就是如此"，听起来像是陈腔滥调；甚至有些人会觉得，遭遇重大损失或逆境时抱持这种心态，只是在推卸个人责任，或是逃避心痛和挫败感。但是，若暂且不论这句话被滥用的程度，就会发现句子背后隐藏的深意。

接受这句话，就表示默认了以下的事实：就算我们无法理解事情的原理，世界依然会照着自有的规则而运转。这也等于宣布，"人生"自有一套规则；即使试着定规矩，结果也不会改变。我们的责任只是做到"平衡收支"，打平人生中的情与债、失去与获得、痛苦与喜乐。毕竟，就像前面提到的，人生中有太多事情超乎理解范围，也不受控制。要说为什么……“事情就是如此!”

如果持相反立场（也就是认为“事情是我说了算”），不仅危险，而且容易走上歧路，那样的处世心态不仅自以为是，也太过决绝。有些人拒绝相信“事情就是如此”，他们会说：“我了解一切，让我告诉你是怎么回事。事情只有一种可能。”随之而来的就是典型的“不可违背”的教条，或是死板的政治、哲学或宗教信仰；而且，不论哪一方都认为，自己的信仰才是绝对的真理。

我不反对政治、哲学或宗教信仰。以信念为基础所成立的组织，带来许多美好的事物，像是服务精神、荣誉心、忠诚等等，让许多人开始珍惜所有，也找到丰盈人生的方式，逐渐接受世上有更高等的存在。但是，某些信仰宣称自己拥有独一无二的真理，这才是我反对的。这种自以为是、高高在上的态度，不仅分化了人群，也让个人的内心分裂，就像在心灵缝隙中插入一根钉子。

当自以为是的信念被当成真理，当谦卑不在，人们就会分裂成两极的团体。每个教派的死忠信徒都相信，“我才是那个拥有真理的人，你不是，所以我有责任强加我的真理于你。”类似的情况和心理随处可见，各种强制执行的律法都是例子。在这些时候，“傲慢”的心理使我们与他人、与世界甚至与自己剑拔弩张。

建立信念时，若能带着谦卑的心，信念就不会成为分裂的原因，而会是一份礼物。原本的“我知道”转为“我是这样理解的”，这种转变有时正是战争与和平的分野。这样的转变代表着，我们接受事情还有不同的理解方式，也承认自己没有所有问题的解答，更是向对方保证：如果你有不同于我的想法，我会尽我所能理解并尊重你。

有件事或许会让许多人感到惊讶，也就是几乎所有伟大的宗教传统，对于终极的真相都抱持着谦卑的态度，也都认为没有任何人拥有完美的真理——因为我们都还在学。

人类或许可以拥有智慧，某一天豁然开朗，觉得自己和大自然及宇宙连上了线；然而，我们终究还是只揭开一个巨大谜团的一小角。不论是宗教或哲学、心灵或科学，倘若不先承认谜团的存在，就称不上完整。所有的“个人”也是一样的：专业的神职人员、心灵导师、心理学家、作家、无信仰者或是任何教授身心灵理论的老师，所有人都必须自发地提醒自己，要记得怀有谦卑的心，告诉自己：“我的信念是局部且不完整的。我看到的真相，只有自己已经了解的那一部分，而我愿意敞开心胸继续探索。”换句话说，也就是承认：“我还是未完成的作品。关于自己和上帝，还有宇宙，我还在持续地摸索。”

心灵小径：混沌

经常有人说，“混沌”才是最高真理。“混沌”让我们得以更深入了解人生，因为若以“非黑即白”的方式看待事物，我们的理解就不完整。

真实准则第六条提醒我们，人生虽然是理解和认识世界的过程，但同时也是发现自己无知、无法理解世界的过程。“事情就是如此”是一种谦卑的邀请，邀请我们去探索，而不是屈从于无知。闭锁的想法会滋养恐惧、敌意与疏离，甚至是暴力；唯有开放的心，才能打开通往和平、谦卑与理解的大门。

敞开的大门

全世界的匿名戒酒会在聚会结束前，都会念一段简单的话，我称这段话为“谦卑祷词”，内容如下：“我明白我所知有限，希望在未来，你和我都能学到更多。”

匿名戒酒会的指导书中，充满了同样美丽又谦卑的智慧之言，例如：“通往神的道路有很多条。”“信念和其他许多事物一样，都是无解之谜。”“人类的多样性与创造力，让他们得以为自己量身打造信念，让信念符合人生中的真实情境。”对我来说，这些话语不仅神圣，而且充满真实的智慧。反之，如果说："只有我说的才是上帝的真理，我拥有的才是唯一的真理。你必须听我的话，否则有你好看的。"那才是真正亵渎的话语。

举例来说，基本教义派的基督徒相信，2010 年发生在海地的大地震，是上帝在惩罚海地人两百年前背叛了基督，选择了巫毒教。许多位高权重的基督教领导人完全否定这种说法，但是，这种说法和其他类似的流言还是在某些圈子中流传，甚至有知名的电视布道家公开散播这类讯息。

这种说法不只大有问题，而且残忍地剥削当事人，利用别人的悲剧和厄运来宣传自己的信念。利用海地大地震或其他自然灾害来建立威望，把悲剧包装成信念中的一个例子，用以宣传自身信仰中"世界运作的方式"，这才是真正的亵渎。他们不仅没有一丝谦卑，也完全没有同理心，更不是基督教该有的样子。

把过错推到受害者身上，并不是什么新鲜事，因为担惊受怕的人类太过执着于自身的信念，不愿放弃自己的信仰，所以把两种极端——所有的悲剧和可怕、没道理的事，以及所有美好的事物——都融入个人信仰中。这造成我们必须以特定的方式诠释事件，看到的世界才会符合自身信仰。我们自问："上帝怎么会平白无故夺走 23 万人的性命，让 30 万人受伤，让 100 万人无家可归？"于是我们自行解释："当然不会了，一定是海地人做了什么事，因而遭受惩罚。这一定是上帝在施行正义，只是我们看不出来。”

过度正当化

这世上有许多人喜欢为悲剧找理由，光是看电视，就会发现这种人到处都是。他们为重大损失找理由，为生命中的悲剧寻找冠冕堂皇的解释。这样一来，“悲剧”就成了“教训”，多了指导生活或强化信念的目的。我们不愿意面对令人难以接受的事实，因此反而强化自己的信念，将事件合理化，甚至试图把自己的想法推销给更多人。

犹太教的正统派相信，纳粹对犹太人的大屠杀之所以发生在德国，是因为改革派于前一年出现在德国。每一种信仰经常都存在着极大的内部分歧，通常分为正统派和改革派。两派人马不愿弭平歧见，反而带着自大的优越感，严厉地批判彼此。两边人马都相信自己才是对的，自己才拥有所谓的真理。讽刺的是，这样的真理似乎没能带来任何好处。

《塔木德经》（Talmud）有这么一句话：“不要把《摩西五经》（Torah）当成皇冠戴在头上炫耀，也不要把它当成铲子拿来掘地。”（《塔木德经》是犹太教的法典，内容包括犹太教的伦理、律法、历史、传统和哲学。）

我对这句话的解释是：对于《摩西五经》和其他宗教经典，我们都可以研读熟悉；但是，对于其中的教诲，必须以柔软的心去领会。犹太教和其他宗教一样，不该变成营销的手段。

心灵小径：宗教的礼赞

有些人借宗教之名审判他人、散播仇恨、滥用权力，这么做等于否决了宗教最崇高的目的：追求智慧。真实的智慧和信仰是生命的礼赞，帮助我们用心灵体会未知的一切。

我们不能强迫别人接受自己的信仰，真正的智慧让我们对自己和他人都有更深更广的了解，不会再宣称自己拥有唯一的真理。我们应该亲切谦卑地邀请他人，共享自身信仰的美好，分享力量、智慧和人生道理。

在圣经中，上帝之名的希伯来文译成英文时，经常被误译为“我就是我。”（I am what I am.）事实上，希伯来原文中真正的意思应该是：“我会是我该有的样子。”（I will be what I will be.）换句话说，上帝有权利根据情境要求，改变自身的存在。试想，如果我们对“真理”的理解更通融些，世界看起来会多么不一样啊（不仅变得更安全、更合理、更慈悲，也更接近大同）！

宗教的神圣之处，并不是让周围的人吃闭门羹，而是开门欢迎所有人共睹生命的巨大谜团。至于“事情就是如此”这样的观点，我们在虚心接受的同时也要记得：“什么样的眼睛看到什么样的世界。”

整理你的思绪

若是要接受“事情就是如此”，就必须与现实共舞；而且，你永远搞不懂也学不会这支舞的舞步。

对于“事情就是如此”这样的观点，你有什么看法呢？

■ 方法一

从 1 分到 10 分，你有多确信自己的信仰/信念比其他人的更崇高？

■ 方法二

在你内心，是否对某些信念坚定不移？请列出你的信念。如果你不要那么严苛，是否有什么可能的好处？请写在每一条信念旁。

■ 方法三

下列选项中，哪一个能帮助你变得更谦卑，而且不需要牺牲你的信仰？请勾选。

参与和你信仰不同的宗教活动，并且想办法找出你认为神圣的部分。

试着聆听和你信仰或信念不同的人，找出他们和你的信念之间的共同之处，写下这些共同之处。

准则 7

疗愈没有捷径

尽情感受悲伤，而不是逃避悲伤

不久前，3，000 名中学生集合在一座闷热的体育馆内听我演讲。过去一年内，这群学生眼睁睁看着身旁 13 名同学相继过世。

我造访的并不是科伦拜中学，而是加州的洋边市。

这所学校不如科伦拜中学那么有名，既不是媒体关注的焦点，也不曾上过各大电视台头条；但是，短短一年内，该校就有 13 名学生死于自杀、他杀、车祸和癌症。学校的辅导老师是我的好朋友，他打电话给我，希望我能为学生办一场演讲。他说："肯，这群孩子的状况真的很糟。能不能麻烦你来一趟，和他们谈一谈？"

当晚，我准备好一篇演讲，题目是"从伤痛中学会的人生课题"。隔天，我站上体育馆讲台，面对 3，000 名汗流浃背的高中生，用道歉作为开场。

我对在场学生说："13 年前，我向我的两个女儿道歉；今天，我同样要向你们道歉。我们这一辈误导了你们，让你们误以为所有的伤痛都有解药，所有的空虚都能填满，所有的问题都能解决；但是，这不是真的。"

"事实是，人生中就是有些事情不能解决，就是有些时候无法尽如人意。失去挚爱时，我们会感到悲伤、愤怒、迷惘，这些都是正常的。我们试图掌控人生，希望能像切换电视频道那般切换人生，或是按下倒带键回到过去。我们想坐上时光机，让一切回到从前的样子，'洗掉'已经发生的事实。可是，人生和看电视不一样，对吧？"

"今年，有 13 位同学离你们而去。悲剧，十足的悲剧。如果你们选择用看电视和打电动来麻痹自己，我也完全可以理解。制造噪音、听音乐、忙课业、跑活动……你们这样逃避现实，大多数成年人也都试过同样的法子。问题是，这么做一点用也没有，还会让情况更糟。我了解你们的感受，你们当然不可能无动于衷！当然会想要逃避！当然会希望奇迹出现，让一切好转！"

然后，我谈到身为人的真正意义。我也告诉他们，每个人生命中总会有一段时间，必须用尽全身力量，才能安然度过。我告诉他们，全校师生都应该尽力让学校成为安全的地方。我指的不只是无枪械、无帮派、无酒驾和无霸凌，而是要让学生能在学校公开坦然地谈论他们的伤痛。不是只会对学生说

“想开点”或“回去上课”，而是要给他们充裕的时间感受悲伤、愤怒、迷惘和恐惧。学生需要从学校获得真正需要的帮助，才能继续走下去。

同样的道理也适用于其他情况。当身边的人在“消化”情绪时（例如悲伤），身为父母、朋友或同事，其实可以选择给予对方安全感，不要搬出老套说词、滔滔大论或教义教条，因为这些对谁都没有帮助。我们必须感同身受，不要急着想让一切好转，要认清真实准则第七条：疗愈没有捷径。

受压抑的感受力

我的朋友吉姆有个八岁大的女儿，名叫卡莉。卡莉患有手术无法治愈的脑癌，因此，吉姆和他的家人在急诊室外度过了无数个失眠的夜晚，每次都只能等着医生出来报告卡莉的情况。急诊室外的等待，堆叠累积成难以承受的痛苦和焦虑，吉姆发现自己开始将情绪发泄在医护人员身上。

吉姆的家庭医师是全家人交情要好的老朋友，终于有一次，吉姆在家庭医师面前“溃堤”，泪流满面，泣不成声。这时吉姆才惊觉，自己早就需要好好哭一场了。释放完体内累积的情绪后，吉姆感到异常清醒且充满力量，决定自己有必要和女儿的主治医师好好谈一谈。与医生会谈之后，吉姆定下长期作战计划，这让他有了全新的自信与力量继续走下去。他不必再咬紧牙关才能忍住冲动，不乱出主意，不质疑医生和护士的做法，不抱怨他们做得不够好；失去女儿的恐惧，以及女儿生病所激起的怒气，也不再深埋吉姆心底。吉姆分享他的心路历程："接纳自己的感受为什么变得如此困难？会害怕是理所当然的，觉得无助也是理所当然的，这些是我原本就该有的感受！"

对于某些特定情绪，例如无助和恐惧，我们的忍受度很低。失去挚爱或受到威胁时，赤裸裸的伤害格外令人难以忍受，因为我们没有能力处理或对抗这类情绪。因此，我们总是想尽办法解释一切，急着让事情好转，盘算着如何扭转局势；又或者，我们决定将情绪全部隐藏起来。

"我们是自身命运的主人。"这是时下流行的观念，认为应该通过正面肯定等方式努力追求"成功"，效果甚为显著。自立自强的企业家成功故事俯拾皆是，我们以为这样就能掌控一切，但随之而来的趋势却令人不安：人们开始压抑"负面"情绪，尤其是无助感。在成长过程中，孩子被教导要安静地坐在桌子前，双手交叠放好，却没有人告诉他们如何正向地排解愤怒、迷惘、困惑和伤痛等情绪。

相反地，只要一有情绪出现的征兆，我们就像找到了代罪羔羊般猛开枪。悲伤和愤怒都会遭受严厉谴责，因为这些情绪都是不被允许的。因此，为了继续过生活，我们决定将情绪推开，但情绪仅仅是表面的迹象。就算情绪带来的是混乱不安，你也应该庆幸自己还能拥有情绪，因为那证明你还活着！

我们不该抹煞情绪，而是应该解读情绪的涵义，倾听自己真正的心声。悲伤或许代表我真的非常在乎某个人，迷惘可能代表我还不够了解这个世界。这些情绪还能带给你更深刻的体会，甚至让你付诸行动，你一点毛病也没有，只是在正常运作。事实上，拥有情绪感受力非常美好，让人有活着的真实感与踏实感。

可是，不知从何时开始，我们转而认为感受情绪的能力是不好的。想想那些压抑情绪的例子吧！没人喜欢被说“软弱”或“煽情”，因为我们推断，“感性”和“情感”让人耽溺、太过累赘，既脆弱又不必要。情绪让我们显得软弱无能，所以我们想尽办法克服或逃避，试图证明自己很理性，一切都在控制中。启蒙时代带来的影响，使我们把理性置于一切之上，包括人类大部分的情绪都挤到了理性之下。

心灵小径：即时情绪

说到即时通讯，我们大概只会想到网络世界的通讯。其实，遭遇不好的经历或创伤时，我们的情绪也会产生即时讯息。通常我们会选择忽视这些即时情绪，但是，对于我们的自觉、决策、学习和疗愈来说，这些情绪其实至关重要。

时下流行的“正向思考”让人们以为，只要抱持正面态度，就能克服或避开一切不好的感受和经验；但实际上，这只是在压抑真实的感受。同样的情绪会挟带更强劲的力道反弹回来，或是成为深藏的秘密，在伤口结痂后成为身体的一部分，变成一道如影随形的丑陋伤疤。

我告诉艾尔·卡密诺高中（El Camino High School）的学生：“我们无法决定人生会遇上什么事，也无法免于失去至亲时必然的悲痛。”对于13名同校生的死亡，这群学生毫无置喙之地。“但是，有些事我们是有选择的。我们可以选择流泪，选择表达我们的悲痛，选择真正有助疗愈的做法，选择纪念朋友。我们可以选择从伤痛中学会人生的一课。”

对于整个宇宙，我们所知甚少，不知道世界朝着哪个方向前进，也不知道它从何而来。同样地，当我们失去同学、同事或身边任何一个不曾犯错的人，对于该如何填补这份空虚，我们毫无头绪。其实，我们不必寻求解释，或是让情况好转。我们根本不该这么做，因为愈想在毫无道理的事件中找出道理，就会离自己愈远，变得愈来愈疏离、没有灵魂且麻木不仁。

陪伴

若无法好好运用感受力，眼中只有自己想看到的世界，要感同身受就会变得非常困难。所以，我们才会忙着替他人的困境和伤痛寻找正面意义，忙着理出头绪、解决问题。因此，听到他人描述低潮的感受，我们才会如此不安，这也是为什么假装一切如常有时比面对现实容易许多。

我们还没学会如何应对，通常会想："如果丧偶的人是我，如果被解雇的人是我，如果无家可归的人是我……那我肯定手足无措，哭死了！"正是因为光想想就很吓人，所以我们不愿设身处地去想，不愿感同身受，不愿倾听，不愿发挥同理心，只想要找到解决问题的特效药。最常看到的做法就是，把内心的恐惧"推诿"到对方身上，用过度简化的方式解释或解决问题，英雄式地解救对方（好像对方是无助的受难者），或者（再加上）采取激进的方式（例如去拉斯维加斯玩乐），让对方忘记烦恼。合理化和正当化是两种常见的自我防卫机制，"推诿"也是；通过这些自我防卫机制，我们得以"保护"自己不受残忍现实的伤害。我们有意识或无意识地强加各种罪名和动机在对方身上，一切归咎于对方，把自身感受到的羞耻感、罪恶感和责任感都推诿到另一个人身上。我们甚至开始相信自己编织的谎言，最后离对方和真实的自我愈来愈远。

若要诚实地面对自己，并且接受人生的第七条真实准则"疗愈没有捷径"，我们应该怎么做呢？如果不再试着帮他人解决问题，或是忙着为失去至爱寻找正面意义，我们还能怎么做？该怎么做？

答案很简单：陪伴。

珍娜还是小女孩时，经常会对我喊："爹地，陪我！"她的意思是："爸爸，来这里，陪着我就好。不用试着帮我解决问题，不要分心。"

对我来说，真正的"陪伴"必须压制脑中纷乱的杂音。这些声音尖叫着提醒我，还有其他事要做；或是警告我必须当个完美的父亲，解决所有的问题。有这些杂音当背景，我们永远听不到配偶或子女真正想说的话。我们忙着理出事情的头绪，忙着反复演练简洁的回应，以为说这些话能让对方好过，以为这些回应能让对方免于痛苦、更加自在；然而，事实上这些回应很可能根本不是对方想要的，也不是他们需要的。

心灵小径：陪伴

"陪伴"是指，安静且具疗愈效果地在一旁，用心聆听、真心关怀，实际执行上并没有任何需要做的事，只是单纯地见证另一个人正在经历的过程。

身为父母、配偶、同事和朋友，我们能做得最好的一件事，无疑便是宽容地倾听。倾听才是我们该做的，不是推诿自身的恐惧与无助，更不是志得意满地试着解决问题和减轻对方的痛苦。只要我们在场，就能带来改变。

在写作《如何与孩子谈校园霸凌》（How to Talk to Your Kids About School Violence）的过程中，我安排了上百场的访谈。书名灵感来自家长最常问我的问题："我该怎么和孩子沟通？"而我的回答通常是："与孩子沟通最好的办法不是说话，而是倾听。"

若家长真的用心、有智慧，而且懂得尊重孩子，必定经常要把已经到嘴边的话强吞回去，内伤程度可想而知。身为父母的直觉反应，就是要解决孩子的问题，减轻他们的痛苦和压力。父母就像个工程师，"找出问题并解决问题"，试图抹除孩子所有"不好的"情绪。在这段过程中，我们经常将孩子视为无助的受难者。

但是，当你越是个"万能爹地"，你的孩子就变得越不独立。相同的戏码开始重复上演："爹地、妈咪，我不知道该怎么办！帮我解决！告诉我答案！"于是，你成了解决问题的捷径；但是，人生的第七条真实准则告诉我们：捷径并不存在。

最好的做法是，礼貌地抛出开放式问题让孩子回答，然后用心倾听。这些问题不能带有暗示意味，例如："你还真的忘了做功课？"这个问题不算数，因为它不是真的问题，而是用问句掩饰的指控。真正的开放式问题应该是友善的邀请，例如："你对这件事的感受是什么？你觉得你应该怎么做？"孩子回答后，你该做的第一件事，就是重述孩子说过的话，让他知道你真的听进去了。重点是要成为贴心的陪伴者，思路清晰地冷静旁观，不要一紧张就弄得鸡飞狗跳，或是忙着拯救自己眼中的受难者。

这不只是在说父母，同事、朋友、伴侣之间的关系也是一样。提出开放式问题，然后用心倾听，就能帮助对方思考现有的选择，让他们替自己做出更好的决定。这么做能让周围的人更加能干独立，你不再是唯一的焦点，其他人也不必再倚赖你。

尊重你的孩子、员工和朋友，也要尊重自己。通过开放式问题，让他们谈谈自己的感受。必要时，把想说的话吞回去，全心倾听，尽最大的可能重新详述一遍他们的话，让对方知道你真的听进去了。帮助他们评估内心的感受，不要试图批判或扭转对方的感受；一旦对方感受到你的诚意，势必以同等的耐心、同情心与敬意来倾听你的感受。“己所欲，施于人。”这正是陪伴的不败法门。

表达关怀的最好方法，就是用心倾听。所以，人生的第八条真实准则正是：倾听就是爱。

整理你的思绪

不论你面对的是哪一种困境、哪一类挑战，疗愈都是个缓慢且坎坷的旅程。不管过了多久，又得到什么样的帮助，只有让该来的来，该去的才能真正地过去。你身边遭遇困境的人也是一样的，对他们来说，疗愈没有捷径，没有特效药。我们都想“解决”自己或至爱之人的问题，但是，这么做只会阻碍自然的疗愈过程。

方法一

你是否发现自己试着要拯救他人或“解决”别人的问题？如果是，从下列几项简单的“陪伴”方式中选出一项，为他人带来力量：

下次有人有问题或是心碎时，我会压下解决问题的冲动，当个用心的聆听者。

我会练习保持沉默，不带批判地倾听。对他人有足够信心，鼓励对方自行找出最好的解决方式。

感到痛苦难耐时，我会深呼吸感受疼痛，并提醒自己这是一种疗愈过程，要给自己足够的时间。

方法二

你会不会把情绪“推诿”到某一个人身上呢？如果会，要如何停止“推诿”、更直接地面对对方呢？

方法三

列出五个在你生命中非常重要的人，在每个人的名字旁写下，未来你要如何真正“陪伴”他们。

准则 8

倾听就是爱

我们能为别人做的最高贵的事

有谁听过专门上课学习怎么倾听别人心声的？大概很少吧！但是，事实上“倾听”是一种了不起的技能，因为有“倾听”，我们才有可能表达最根本的需求；也是因为“倾听”，我们才能彼此连结。

语言是与外在和内在世界沟通的管道。说话时，想表达的意思就会随语言流泄而出；同样地，倾听时，他人的意念也会从同样的管道进入我们脑中。语言是展现自我、与他人建立连结的工具，我们需要通过语言，确认他人是否理解我们。“有效的沟通”表示，我能把想表达的意思组成字词，传递给对方；同时也能打开自己的耳朵，接收对方传递过来的讯息。

了解对方必须先确定“频率对了”，就好像对方是无线电台，需要调频。倾听时，我们必须找到可以和对方连结、能产生同理心的方式，并想办法找出对方言行背后的真正讯息。有人说，同情心就是“你捶胸，我心痛”。想要真正理解对方，就必须先在脑中和心中清出空间，以便接收讯息；而且，想象自己身在对方的处境中，这样的倾听才能真正发挥同理心。

可惜的是，大多数人从来不曾做到这种程度的倾听与感同身受，这带来很严重的问题。

我在进行组织顾问、团队经营、主管培训的过程中，有99%的时间是在教导如何真正倾听他人的心声，因为高效的组织、有力的领导和杰出的客户服务，都需要良好的倾听做为基础。我们的目标是，让对方感觉受尊重且被理解，同时自己也能获得相同的感受。有时候，我们脑中运转着各种计划与思绪（也就是所谓的“噪音”），导致我们无法好好聆听，不仅可能因此错失良机，整个组织也因而受累。

其实，每个人都带着镜片看世界，有些是清晰的镜片，有些则是有色镜片。干净的镜片有助于建立深厚持久的人际关系，也有助于完成伟大事业，突破最严苛的考验。有色镜片则会妨碍己方理解对方话语的真意，让人坚持己见，忙着为自己辩护；搞到最后，双方对结果也都不满意。假使我们希望迎来最美好充实的人生，就必须自问：“身为倾听者，我的表现怎么样？”“我选择的镜片真能有效帮助我理解他人、与他人互动吗？”

在提供给企业的培训与咨询课程中，我加入了自己发明的自我评量机制“倾听评分表”（夫妻档和父母也都非常喜欢）。使用者必须针对40项标准来评分，其中包括语言回应和非语言回应（例如肢体语言），根据实施的效果给出A到F的评分。接着，他们必须接受更进一步的挑战，从下面两个做法择一实行：第一种做法，是请同事（或伴侣、孩子）根据这40项标准为他们评分，内容包括“是否懂得何时该保持沉默”“是否全神贯注”“是否懂得提问表示关怀与在意”“是否给人温暖的感觉”“是否投来友善、鼓励的眼神”等基本技巧。第二种做法，则是用录影的方式评量自己可亲近的程度。

心灵小径：倾听评分表

倾听评分表是自我评量的工具，可以帮助了解自己在倾听方面的表现。你也可以比较40项评量标准中，自己的给分和身边最亲近的人的给分有无差异。想要使用倾听评分表，请翻至本书后方附录。

通常我们不会意识到自己传递出的讯号，尤其是通过脸部表情透露出的讯息。有时候，我会用录影的方式，评量客户的非语言“可亲近程度”，和客户一起研究他们的脸部表情和肢体语言传递了什么样的“讯息”；同时，也试着找出如何成为更好的倾听者。一个人的表情和语调其实就说了很多，例如："你想干吗?""滚开！我没时间听你啰唆!"或者："见到你真高兴，有什么我帮得上忙的吗?"

自我评量的方式是，先自行填好倾听评分表，再请三到四个亲近的人（住在一起的人，或每天互动的对象）评分，然后比较双方的评分表，如此就能对自己的倾听能力有更真实、更全面的了解，同时也能找到提升倾听能力的方法。

我发现，每个人的自评与同侪家人的他评之间，得分差距有时大得惊人。事实上，大多数人的倾听能力不如自己想象中的好，相处时也不如自己以为的那么好亲近。有些自我感觉良好的主管，觉得自己已经做到"敞开大门"了，因而感到不解："我的门是开着的啊！为什么没有人要进来?"事实上，虽然这些主管敞开办公室大门，但他们的心胸、思想和表情却是另一回事，因此其他人还是会觉得走进门并不安全。所幸，令这些公司总裁或父母惊喜的是，其实通过许多简单的小事，就能让自己显得更容易亲近，像是一个温暖的微笑、一句贴心的问候、一声真诚的感谢或是记得对方曾提起的个人琐事等，这些都非常有帮助。

通过认真倾听，就能展现出对另一个人的关怀、尊重与重视。人生的第八条真实准则是：倾听就是爱。不论是顾客关系、雇佣关系、亲子关系还是夫妻关系，良好的倾听是每一段关系成功的关键。

成为他人安全的港湾

在良好的倾听中，最重要的是要给对方安全感。对其他人而言，懂得倾听的人是个安全的港湾，他们知道在那里不会受到批判，而且自己的想法和感受将得到尊重与了解。推动每一段成功关系的，就是安全感和包容心，因为人们面对真实自我、谈论内心真实感受时，都需要安全感，也都希望对方能了解并真心关怀自己。所以，我们所能达到的最理想状态，就是让身边所有人都觉得："嘿！这个人真的很在意我！真好！"

我辅导过一名有酗酒问题的年轻主管凯萝，她默默地对抗了酒精大半辈子。凯萝在 38 岁时成功戒酒了一年，体重减了六公斤，而且正要开始人生第一段成熟健康的感情。虽然情况看起来不错，但实际上她只学会了几招求生技能，勉强维持这些正面的转变。凯萝努力了很久，成效也不错，但是她来找我的时候却非常沮丧，甚至已经准备要放弃了。

她说："我办不到！我从来没有像现在感觉这么差过！怎么做都没用的！"

我的第一反应是先试着让事态趋缓，让凯萝放下心防，然后好好听她说。她述说她的感受，告诉我最近发生的许多事情是沮丧的主要原因。听完后，我说："听到你最近过得这么痛苦，我真的很难过，凯萝。"

我们的对话从我认真倾听开始，然后，在她倾吐完心事之后，我让她知道我有多么为她难过（这么做是要向她表示“我了解”“我在意”）。我没有抓着她的肩膀大吼：“振作点！你有大好人生、很棒的新男友，而且还戒了酒！你沮丧个鬼啊？别再无病呻吟还自以为是受害者了，振作点！”我没有这么说。相反地，我请她多说些自己的感受，然后只是倾听。

对凯萝来说，这段过程是在承认自己举步维艰，承认自己感到手足无措。她在经营一段认真感情的同时，还在努力戒酒，这让她饱受压力。从前的绝望感再次袭来，令她感到无助。但是，承认眼前的困境之后，事态反而明朗了；原本用来打击自己的自我批判消失了，取而代之的，是自我接纳和松了一口气的感受。她会感到青涩（不是说年纪，而是经验）和脆弱是理所当然的，所有的这些感受也都可以理解；毕竟，从 15 岁开始嗑药酗酒后，她就不曾再“上学”（这是譬喻说法，指经验累积与成长）。现在她 38 岁了，眼前面对的挑战，不论是事业或爱情，都是从未遇过的，所以她的无力感可想而知。

凯萝把所有心事倾吐而出后，气氛慢慢改变，而且我们两人都感受得到这个转变。凯萝觉得有安全感，可以放心谈论自己的感受，感受到我的了解与包容。因此，她也开始理解，自己的挫折感实际上是合理的。她发现自己的情绪并非凭空出现，这些恐惧和绝望的感受，实际上是因为她正在进入人生另一个阶段，而这种经验对她来说很新鲜、很吓人。最重要的是，凯萝现在明白自己的感受很正常、可理解，不是因为她有问题或发疯了，只因为她是个有血有肉的人！

我们持续对谈时，我可以感觉到凯萝开始恢复精神，整个人活了起来。确认过自己的感受、并重新定义为“人性”之后，她对事情的看法完全改观。我扮演的角色，则是静静放在她肩上的那只手。我用平静的声音向她保证：“你的感受我都理解，你的恐惧都是正常的。在这样的情况下，感到害怕与挫折是再合理也不过的。”我让她知道，我看到了她的人性，而不是试图纠正她的感受，也不是用什么“自立自强”“正面思考”之类的快速心理疗程“治好”她。

辅导课程结束后，凯萝向我坦言：“你知道吗，原本我以为你会跟我来‘水杯半满’那一套，或是说我还年轻，要我‘冲冲冲’之类的。”

其实，这类老套说词就像是在枪伤上贴创可贴，不仅没有太大帮助，而且是一种侮辱与轻蔑。这类说词其实都有暗藏的意义，虽然表面上像是说：“一切都会没事的。”但实际上却是说：“我要治好你（因为我没办法接受你的感受，而你也没办法）。”这种话真正的意思，通常都是藏在附注括号中的。

我选择尊重凯萝的感受，而不是尝试改变她的感受；并且顺便提醒她，我们都还在学。这么做就能让她重新找回立足点，单单是倾听，就能让她知道身陷困境并没有错。倾听能让她知道，终于有人“懂了”，她会因此不再觉得自己在这世上孤单一人。我不会用好听的话去粉饰她的处境，更不会去批判。我做的，仅仅是承认她的感受。

我很荣幸有几次机会遇到皮尔牧师伉俪，皮尔（Norman Vincent Peale）是《积极思考就是力量》（The Power of Positive Thinking）的作者。皮尔牧师总是鼓励前来找他咨询的人，尽情“长篇大论”他们的烦恼，而且中间绝不打岔，也不会纠正他们。他不会拍拍对方的背，要他们“算了吧”；更不会告诉他们，“这是神的旨意”（有时候，这会让许多人觉得神是不是下错神旨了）。

对方发泄完痛苦之后，皮尔牧师只会回答两个字：“但是……”然后再度沉默，这让对方有时间思考生命中所有的恩典。一开始，这些人可能要花很长的时间才明白，但愈到后面就愈充满感动。

懂得倾听的人没有一定的方针，而他们也不需要方针，因为倾听纯粹是一种“见证”，是展现同理心与陪伴他人的过程。我为凯萝所做的，仅仅是想象自己处于她的位置；仅仅是这么做，就让她觉得受到了深层的了解。

在爱中倾听

有人理解的感受和经验，是爱与相知的基础，也是我们与所关怀的对象产生连结与建立信任的方式。神学家兼哲学家马丁·布伯（Martin Buber）曾说过："真实生活的所有即相遇。相遇即吾与汝连结之时，此时非属吾亦非属汝，吾与汝却在此时交会。"

真诚的倾听，能让对方深入探索自己的心和灵魂，发现自身的真相与渴望。倾听是我们能为另一个人所做最高贵的事了，因为倾听是"了解"的基础；有了"了解"，两人才能心心相印，才能真正互爱。

这也就是"倾听"在亲密关系中至关重要的原因，一旦缺少倾听，伴侣、家庭、公司关系就会四分五裂。

一位好友最近和女友的关系，进行得不如两人预期般顺利，所以两人决定"谈一谈"，但是他们的对话几乎每次都以愤怒和敌意收场。每次他们想好好谈一谈，都像是进了死胡同，女方将沟通不良归咎于男方，男方也找出各种证据证明是女方的错，两人关系因此持续恶化。

我建议我的朋友去参加伴侣咨询。

优秀的伴侣咨询师能让双方都冷静下来，并指出在有些点上，两人几乎完全无法互相了解，原因正是缺乏真正的倾听。没有了倾听，就像是轮胎和马路之间少了摩擦力，两个人就像空转的车轮，哪里都去不成。

这时候应该放慢沟通的脚步，多点人情味，才能不再怪罪对方或捍卫自己的想法，也才能展现诚恳、尊重、真实和脆弱的一面，如此才能达到沟通的真正目的。身边多一位客观的第三者，沟通就不再是斤斤计较谁对谁错的过程。双方（乃至于带来痛苦的这段关系）都会得到尊重和倾听，并且获得同情。

在一段关系中，没有比“没人倾听、不受了解”更令人痛苦的经验了。尤其是和所爱之人沟通时不被理解，更是特别令人绝望和沮丧，这种时候也可以算是前文中提过的“活生生的失去”。有句老话特别有意思：“人家才不在乎你，除非你在乎人家。”若其中一方表示：“我真的完全不在意你想说什么。”那就根本不可能开始一段健康稳固的关系，因为失去倾听通常也会失去对方原有的信任与信心。

相反地，我们每天都有可能建立起美好的新关系，而这就要倚赖我们拨出一点时间认真倾听。举例来说，在超市排队结账，前面的顾客对收银员暴躁无礼，这时我们就可以对收银员表示善意，说句：“工作挺辛苦的喔?”然后真诚地倾听对方的回答。这个举动就像是说：“我对发生的事感到遗憾，而且我在意你的感受。”

心灵小径：倾听的勇气

我们需要勇气才敢挺身而出、仗义执言，但其实也需要勇气才能安静坐下、细心倾听。

——丘吉尔

不管是在轻松的感情或认真的感情中，还是在商场上未定的业务往来中，良好的倾听都有惊人的效果。我有一位最近刚离婚的好兄弟尚恩就是个很好的例子。

尚恩和正值青春期的儿子狂起冲突，儿子对生活毫无热情，学校表现奇差，对上学或社交都显得兴趣缺乏，一天比一天更叛逆。对于这种情况，尚恩感到恐惧和沮丧，他把这种心情发泄在对儿子的批判和责备中，导致两人的沟通完全破裂。尚恩就像“警察抓小偷”游戏里的警察，而他的儿子则感到自己永远是那个嫌疑犯。

尚恩向我征询建议时，我说：“如果好好坐下来，和你儿子谈谈到底发生了什么事，会不会好一点呢？你们的关系真的坏到连好好谈一谈都没有用了吗？”他告诉我，情况在他和前妻离婚后急转直下，我回应：“连和自己儿子进行简单对谈都不行，肯定很伤。是不是应该告诉他，你对离婚的事感到很抱歉？让他知道你很在意离婚带给他的影响？”听到这里，尚恩忍不住流下眼泪，打开心房告诉我，过去这一年对他而言有多么痛苦，让他觉得自己好失败。我们又谈了一会儿，当他离开时，我感觉得到他轻松了许多，也清醒了许多。

过了几个月，当我再次接到尚恩的电话时，他已一扫阴霾。从我这边回去之后，他决定放下心防，好好了解儿子的处境，而且不试图改变、纠正或辩护，也不再把自己视为儿子的“救星”。他不再对儿子说教，而是像我建议的那样，单纯地陪伴他。

你们大概已经可以猜到结果了：事情发生极大的改变。他们进行了一次长谈，儿子终于敞开心胸告诉他："爸，我在学校真的过得很糟，根本不在意课业了，而且总是觉得好累。或许，我该做个健康检查什么的。"尚恩当天就带儿子去看医生，想找出让他疲劳和昏睡的可能原因。医生判定并非生理因素，认为他儿子有轻微抑郁倾向，并且将他转介到离婚后子女的心理咨询。这让情况完全改观，尚恩和儿子现在成为并肩作战的战友，不再是针锋相对的敌人。

有时候，当你决定要来一场认真的对话、和某人摊牌，事实上需要的只是倾听。

亲子之间、家人朋友之间，或者在一个管理团队里，冲突产生的时候，必须坐下来真正地谈一谈，不急躁也不带指责地谈一谈，才有可能带来改变。良好的倾听能帮助陷入困境的孩子，能让整家公司改头换面，能为停滞的关系重新注入活力，甚至能拯救一段婚姻。学会"陪伴"真的能改变你的人生道路。

陪审团注意事项

我听到关于"倾听"最好的实践方法，是在一个意想不到的场合中。当时我在法庭内探望担任代理检察官的侄子，当他结束开庭陈词之后，法官转向陪审团，宣读陪审团裁决被告是否有罪时应注意之事项。

法官的指示如下：“在审讯过程中，陪审员应持开放态度。呈堂证供一次只能一样。审讯进行中，切勿形成或表达对此案的意见。请待所有证据呈堂、并与其他陪审员详尽讨论后，再做出裁决。”

心灵小径：陪审团注意事项

先把个人的价值判断放到一边，真诚且不偏颇地倾听对方嘴里的是非曲直，就像法官给予陪审团的指示，这样能帮助你听到说话者的真正心声。

“陪审员须认定案件中的事实。我再次重申，陪审团只能由法庭上所见所闻之呈堂证供来决定裁决。请勿让偏见、歧视、同情心或社会舆论影响裁决。”“即使您不同意，也请您遵守法官在庭上解释的法律机制。”

谁想得到呢？民事法庭竟然提供了关于“真心倾听”的有效建议，还教会我们如何展现关怀之心。

我个人认为，给予陪审团的指示不管是哪种版本，都应该列为沟通课程的教材或结婚誓言的一部分。咨询师开始婚姻咨询之前，应该念一遍给每一对新人听；父母对孩子说教前、主管对管理团队训话前，也都应该听听这些注意事项。把个人价值判断摆在一边，不带偏见地用心倾听另一个人，这么做能带来很大的能量，而且意义深远，能让倾听者得以稍缓自身的情绪和反应，专心于对话的真正内容。

这并不是说，我们不能有自己的意见与情绪。别人陈述一件事情时，我们很自然地会有所反应；但是，想要良好地倾听另一个人，就必须将自身感受与意见放到一边，以对方为主。假设我现在正在听某个人说话，对话的主角就是他；至于我的感觉、我的想法或是我同意与否，都不相干，因为这场对话与我的个人反应无关。我的所有反应都可以保留到最后，等到真正了解那个人的处境后，再决定怎么反应。通过良好的倾听，我证明了我在乎，如此对方也更有可能愿意好好听我说话。

主管培训课程就是在教导客户，如何通过用心倾听，把每一次对谈的成效最大化。在每一次对谈开始之前，我建议双方先口头表示善意："我会提这件事，是因为我想……"这句话表示说话者对听话者有信心，我称之为"开场语"。

"开场语"的用意就如字面上所说，是要为即将展开的对话定下清晰、正面的调性。若是在企业场合，你可以说："我想和你谈的原因是________________。希望你能让我先说个几分钟，不要打断也不要评论。之后，我希望能听听你的想法，让我们一起讨论该如何继续。我希望最后能（想要的结果）。"

心灵小径：开场语

开场语的用意很容易理解，就是要为一场对话定调。我们可以通过开场语，让另一方接收到善意，也让对方了解自己想要讨论的主题，以及希望得到的结果。

遇到情绪化的对谈或是敏感话题时，开场语作用极大，因为在这类情况中，需要双方明确的意向，以及彼此之间的信任和了解，才能带来改变。不论对象是你的伴侣手足，还是最好的朋友，给他 10 到 15 分钟说明他的立场、意图和希望得到的结果，才能为沟通上和关系上的突破做好准备。

开场语很重要，因为我们经常盲目地开启对话，假设另一方想要的，然后才疑惑："难道这不是你想要的吗？难道这不是你提起这件事的原因吗？"我们忘了，人们可能出于任何原因而提起一件事，有时候（搞不好经常都是）甚至只是想知道听者是否在乎，是否愿意倾听。两人真心倾听对方时，就有无限的可能；不仅可以达成新协议、重修旧好、突破僵局，还能携手共创美好的未来。

真心倾听可不是嘴巴上说说"好吧"、"是喔"、"知道了"、"谢啦"或"对啦，可是……"，这些话都透露着不耐烦。我指的是切切实实又真诚的倾听、无私且无偏狭的倾听、带着耐心和同情心的倾听，而且没有个人推测或不受欢迎的建议。良好的倾听，需要我们大方、不求回报地付出时间与注意力，以求了解另一个人，还有他的烦恼。这样的倾听除了关心和学习，没有其他目的。倾听者不需解决什么问题，也不需分析情况或产生什么看法。这样的倾听是两个灵魂相遇时最简单、最纯粹的表现。

纪伯伦（Khalil Gibran）在《先知》中写道："当他沉默时，你的心就开始倾听他的心声。"就算保持沉默，我们的心仍有真实倾听另一颗心的惊人能力。

整理你的思绪

■ 方法一

想要成为更好的倾听者，需要真实倾听，还要懂得提出开放式问题，或是请对方进一步说明。下列选项中，你更愿意提出的问题有哪些？请勾选。

"我不确定你是什么意思，可以请你再解释清楚一点吗？"

"事情发生时，你感受如何？"

"你觉得下一步该怎么做？"

"你有哪些选择？"

"可以告诉我更多细节吗？"

"你刚刚说（重复对方所说的话），我理解的意思是（你的诠释）。这样的理解正确吗？”

方法二

翻到书末的“倾听评分表”，列出自己倾听时的长处和短处各五项。

方法三

写下三项阻碍你成为更好倾听者的原因（不管你的身份是领导者、团队一员、父母或知己好友）。

方法四

写下五种让自己更容易亲近的做法。

方法五

你认为谁最了解你呢？列出三人，在每个人名字旁，写下你做了什么事帮助对方了解你。

方法六

你希望谁能更好地倾听你的心声呢？列出一位。

准则 9

不必急于让伤痛过去

以自己的方式与伤痛和解

“为事情画下了句点。”每个经历过失去的人，都听过这个境界，也都努力祈祷有一天能做到。不管是亲人过世，或是蒙受极大的财务损失，大家想到的都是要为事件“画下句点”。我们不仅将它视为理所当然的目标，甚至相信自己有朝一日一定能做到。

理论上，“画下句点”很棒，毕竟谁不想为失去的伤痛“画下句点”呢？人类会本能地清理过去，然后打上一个干净的结，斩断生命中疼痛的部分。有些人甚至会列出确认清单：“愤怒？过去了！悲伤？过去了！现在可以继续我的人生了吧？”

人生（以及疗愈）若是真的那么简单就好了。

朋友的女儿被谋杀了，我大可以说：“你只要做 A、B、C 三件事，就会没事了。”他会照着我吩咐的顺序，先去找咨询师，然后加入互助会，最后开始吃抗抑郁药物，每天和朋友喝咖啡，完全依着我开立的清单去做。

但是，一年后，当谋杀案的犯人被定罪了，这位父亲还是会来找我："我照你说的做了！清单上的事我全做了，犯人也被判刑了，但是我又开始回想起所有的事。原本以为审判结束一切就结束了，大家都说：'至少现在事情画下句点了。'但是，我并没有松了一口气的感觉，反而比之前更难受！我到底出了什么问题？我欺骗自己，审判结束一切就画下句点了，而你也帮着我欺骗自己！"

所以，我从不开立应办事项清单，因为我知道那无助于治疗伤痛。没有任何明确的概念，可以解释创伤后的疗愈过程。库伯勒罗斯（Elisabeth Kübler-Ross）女士是我的好友兼精神导师，同时也是"临终照护"的创始人之一。多年前，她写下了后来被广泛认定为悲伤经验的几个"阶段"。在她生命接近尾声的日子里，我经常登门拜访，是她告诉我，她列出的这几个阶段只是指路牌，而不是为了"画下句点"所开出的万用成药。人们总是试图为自己的情感"消毒"，将情绪和感受全部封进一个小箱子，然后自以为经历几个特定阶段之后，一切就会没事了。其实，这种想法只会增加痛苦的程度。

伤痛是有生命的，有它自己专属的生命周期。所以，每个人都应该用自己的方式、依照自己的时程表，与"失去"达成和解。依我个人经验来看，所谓的"句点"并不存在。没错，有些事件的确会结束，例如一场审判、一场葬礼，或是法院终于批准的离婚申请。这些事件的结束，的确让我们完结了生命中一页痛苦的篇章；可是，这不代表因事件而起的情感和情绪会立刻消失。在还不知道未来发展的情况下，真的有必要为句子画下句点吗？

想为事情画下句点非常正常，因为“画下句点”代表不再受生命中痛苦不堪的经历影响，得以继续往前走。“失去”给生活带来难以忍受的苦痛、羞辱、挫折、苦恼与不安，而有些伤痛无可避免地会持续很长一段时间，我们不能因此永远封闭自己的心灵。人们经常误以为，持续感到痛苦是因为自己做错了或失败了，但事实上并非如此。有些情感一辈子都会存在，就像棒球界传奇兼生活哲学家尤吉·贝拉（Yogi Berra）所说的：“还没到终点，就不算结束。”

若因无法画下句点而自责，退一步，放轻松点吧！问题不在你身上，“画下句点”本来就只是个迷思。

不照时间轨迹走的那些事

过往的著作中，我经常讨论疗愈过程所需的时间，以及必经的几个阶段，因为总有些人爱问：“要花多少时间才能痊愈？”刚戒酒的人也会问：“要过多久才能再碰酒？”刚失去子女、甫经历伤痛的父母很自然地会问：“我不确定我能撑多久，到底还会难过多久？该怎么做才能痊愈？”

“危机”和“过渡期”通常已被设定好期限：“离婚？喔，大概需要沉淀一年吧！”“失业？六个月就恢复了！”最近有位守寡的女士问我：“新的心理医师告诉我，我需要一年从先生过世的阴影中走出来。但是，现在已经超过一年了，我哪里做错了？”

我经常听到类似的抱怨：“我到底出了什么问题？”或是：“所有人的指示我都照做了，但我还是很想念老爸。”事情发生了好几年后，人们依旧思念着过世的挚爱，这能责怪他们吗？突然间失去挚爱，留下的是痛苦的回忆、恼人的思绪，以及脑海中重复闪过的伤人片段。这些都是创伤常见的后遗症，但人们却因此开始怀疑自己是不是哪儿做错了，否则怎么会痛苦？

我鼓励大家赶紧抛开迷信和各种老套说词，省去这些烦恼，相信这一切只是证明你是个正常的人类。但是，这么说可不是指我们就应该被失去和伤痛控制，失去自己的生活，而是指我们需要对自己和他人诚实，勇于承认内心的感受，才能得到所需的支持。追求“句点”和他人的认可，是个无情的过程，人们会在这段过程中丧失身为人的感受权利，反而伤了自己。我们希望预先知道，什么时候才能从伤痛中痊愈，这样才能有个目标；然而，这个目标不仅不合理，甚至可以说不可能达成。的确，人生中的某一篇章可以画下句点，跨出新的每一步都值得纪录，甚至值得庆祝；但是，我们也该记得，新的篇章还是未知，无从得知什么时候又会发生什么。

以一个客户为例吧！女儿遭到谋杀时，他与当时的妻子已结缡 24 年，却在女儿死后三年离婚了，之后又过了十年。有好多年，他脑中只有女儿的死，直到最近几年，他才真正意识到自己婚姻破裂，才突然感到悲伤。现在他才意识到自己有多么生前妻的气，因为前妻的离开让他觉得遭到背叛。女儿过世带来的伤痛，长久以来占满了他的思绪，导致他过了十年后，才开始真正面对离婚产生的各种问题。当初他也不曾想过，离婚这一“篇章”竟然会在多年后重新被翻开，又有谁会想得到呢？原来说到底，“画下句点”不过就是这么一回事而已！

如果过早宣布事情已经“画下句点”，那么，当前述情况发生时，是否只好选择压抑心中的感受？是否应该假装没事，但同时却感到自己做错了什么，觉得自己很失败？

当然不是！旧伤口受到刺激时还是会痛，未了结的情感依旧会再次浮现；当我们以为一份情感早已沉入海底时，它还是有可能像泡沫般蹦出水面。有时候，促使事情再度浮出水面的原因并不显著，有可能是因为我们终于准备好面对问题了，也有可能是因为当初事情发生时的情绪浪潮太过吓人，导致我们无法一次消化，所以一直延后到我们有足够的力量面对时才再次浮现。一片嵌入人体内的手榴弹碎片，可以待在原地好几年，一直不被发现。直到终于有一天，人体开始排斥这块异物，伤口才会出现。或许我们的精神和心灵也是一样的，心里的旧疤会在对的时机重新被揭开；当我们准备好的时候，旧伤就会再次浮现。或许，这才是自然的疗愈过程吧！

心灵小径：一辈子的疗程

疗愈需要一辈子的时间。或许在“时间”上，我们没什么选择，但我们还是能选择伤口愈合的“方式”。如果选择压抑情绪、长时间否认自己的感受，我们将会丧失原有的成长与学习能力，不仅无法从悲伤中复原，更无法进入人生的下一篇章。

“认识伤痛与创伤后疗愈”，是我提供的工作坊课程之一。在这个工作坊中，我总是提醒学员，疗愈过程中其实是有选择的：可以选择压抑感受，或是选择表达感受。“加工后的”伤痛可以成为生活的一部分，带有正面意义；“未加工的”伤痛则是指人们不愿面对的感受，这些感受通常还是会以某些“旁门左道”的方式呈现出来，例如敌意、情感麻痹或是漠视他人的痛苦，等等。

在加州少年看护所，有上万名未满 21 岁的少年犯。一份研究显示，这些孩子都是在经历重大失去后，才开始出问题。有没有可能是，这些孩子失去了非常重要的人，身边的大人却总是粉饰太平，导致孩子深深受伤？

不论贵贱贫富，许多目前深陷囹圄的孩子，当初创伤后接收到的讯息都是“忍忍吧”“熬过去就好”。这让他们感觉到没人真心在乎自己的伤痛，所以他们选择让伤痛蔓延出去。他们充满愤怒，漠视他人的痛苦，通过各种骇人的犯罪方式发泄出情绪（毒品、谋杀、自杀等）。

如果这些孩子能有足够的时间处理伤痛，身边还能有一位关怀并支持他们的长辈，我敢保证观护所内的帮派分子和暴力分子会少很多，街头暴力、自杀案件与毒品使用也会大大降低。

句点 = 安慰剂

如果“句点”只是个迷思，为什么在分手之后或身边有人过世时，人们总爱问事情是不是已经“画下句点”，好像事情一定得告一段落才能继续过生活？

那是因为这种想法就像安慰剂，可以暂时缓解伤痛。我们“想要”相信事情有一天会结束，“想要”相信黑暗尽头是光明，因为这让我们心安。相信事情有一天会结束，其实是用“希望”填补空虚的感觉。大家都希望痛苦快点过去，因而美化了“失去”，难怪许多人不懂得如何陪伴经历失去的亲友。目睹身边亲友的创伤，让人很难不去想：“如果事情发生在我身上……”这样的想法触动了我们最深的恐惧。面对伤痛，我们感到软弱渺小，所以我们竭尽所能逃避各种“如果”的情况。

“画下句点”的想法不切实际，因此，盲目追求这个目标反而会受伤。这感觉就像榨干一个受了创伤的人，使他原本自然产生的情绪荡然无存，然后灌入人造化学物质，代替原有的情绪。换句话说，这种做法简直就是把活人当成死人对待，虚假的希望像防腐剂那样覆盖全身。

要求经历伤痛的人“恢复正常”，一点帮助也没有，但有时连亲近的家人好友都会成为共犯，在伤者还未准备好之前就催促着：“快点回到正常生活轨道上！”这句话隐含的意思其实是：“你让我们所有人不自在！你就不能忘了这件事，好好过生活吗？”

对他人的痛苦和烦恼束手无策时，我们感到坐立难安，因此经常出于善意地粉饰太平，或试图让情况好转。面对这种无助感，人们屈服于情绪的反射动作就是“找出问题”，然后“解决问题”。

“你还年轻嘛！”

911 事件后，珍娜·德鲁克中心在纽约成立了各种形式的互助团体。其中有一个团体是为年轻寡妇成立的，这些女子的丈夫都是在事故现场丧生的消防队员。她们当中有新婚不久的十八九岁的年轻妻子，也有三十多岁带着小孩的妇女。我问她们：“有没有什么话是别人说来安慰你、但你听了只会想狠狠揍对方一顿的？”她们的回答如出一辙。

这群年轻太太一致同意：“最有安慰效果的，是简单一句：‘我很遗憾。’最让人抓狂的则是：‘你还年轻嘛！’”

“你还年轻”的真正意思是什么呢？对这群太太来说，这句话听起来就像是说：“别难过啦！你要找到新老公不是问题！”这类似刚失去儿女的父母经常听到的问话：“你还有其他孩子吗？”这个问题的背后涵义是：“好了吧，没事了，你还有另一个孩子呢！”

坦白说，听到这种话，不管是寡妇还是父母，都只想狂吼：“怎么可能没事！我很难过！而且，你说啥做啥都帮不上忙！事情糟透了！”

无家可归、身染重病、身无分文、婚姻触礁、生意失败等，不论对抗的是癌症还是恐怖主义，听到“你还年轻”之类的话，都只会让人感到异常孤单；不但不被了解，还要忍受他人评断，等同于遭到社会遗弃，实在是突如其来的二度打击。“没事了”之类的安慰说词实在刺耳，但有时候，连真心关怀的家人都会说出这样的话。说这种话不但没用，而且伤人，许多人经常无意识地成了二度伤害的帮凶。

心灵小径：别说没事了

听到“没事了”这类的话，人们只会锁上心房。我们之所以逃避、甚至否认伤痛存在，正是因为周围的人只会说“没事了”“让事情过去”，导致我们反而开始以伤痛为耻，责怪自己。

潜藏在心里的自我批评，悄悄地从内到外腐蚀着我们，逼我们自问：“我到底哪里出了问题？”每个人都有严厉批判自己过头的时候，遭遇重大创伤的人，像是强暴受害者、残障老兵等等，内心的自我谴责声音更是残忍得可以。

这些人会想：“我的经历好丢脸！我是瑕疵品！”针对这种严厉的自我批评，最好的解药就是自我怜悯和善意。若是怀抱着自我怜悯的心情，就不会总想着自己哪里有问题，而会看到真正的事实：遭受重大伤害和失去的打击，内心感到悲伤难过难道不是正常的吗？现在经历的一切心路历程都是自然的过程，任何人面对严苛的考验都会受到影响。自我怜悯的声音会说：“放心吧，你已经做得很好了。只要对自己更有耐心和爱心，明天就会做得更好。”

每个人都应该更接纳自己，尤其是在受伤害的时候，自我接纳更是重要。想要打破过去自我批判、自我谴责的潜藏习惯，需要很大的努力与决心。我们必须学会用和善、鼓励的话语带给自己力量，帮助自己进入漫漫疗愈之途的下一阶段。一旦不再以肉体或情感上的伤口和疤痕为耻，这些印记就会成为勇气与荣誉的象征。

向前迈进

在珍娜·德鲁克中心，我们谈到伤痛和失去时会说：“不会‘没事’，但是会‘不一样’。”

大多数人不爱听这句话，这是人们不愿意接受的真实准则之一。然而，有些伤口就是好得慢、复原进度不稳定，也有些伤口就是永远不会“没事”。所以，解放自己的想法，最能帮助我们自己。不再追求“没事”，才能停止自责，不再烦恼自己无力让事情“画下句点”。与此同时，我们可以花在“感恩”的精力也变多了；而生命中令人感恩惜福的人事物，才是帮助我们继续前进的动力。

听起来虽然很不可思议，但是就算在人生最低谷，人们仍然可以向前迈进，一次挪动一只脚，一小步一小步缓慢前行。缓慢却稳定的进步，能带来全新的能量与力量；如此一来，伤疤在几个月或几年后又开始隐隐作痛时，我们才有办法面对。不必因为伤疤再度浮现而感到烦恼或自责，这仅仅意味着还有需要处理的情绪，不只不需担心，甚至应该视为疗愈旅程的指路牌。

尚未了结或处理完毕的过往事件，经常会在梦境或回忆中浮现出来，让人时而莫名地怒火中烧，时而无来由地心情愉悦，时而又悲从中来。不论是哪一种情绪，都是自然的反应，都是对我们的温柔提醒：对自己好一点，我们都还在学习，还在疗伤。

创伤的碎片要花 10 年、甚至 20 年才会浮出表面。疗愈没有时限，也不是符合什么条件就能痊愈，该花的时间一定要花。所以，我们能做的就是好好过生活。在经历与自身和解及痊愈的过程中，必须面对并接受涌升的情绪和感受；唯有坦然接受内心的感受，才能向前迈进。

说到底，并不是“画下句点”才能痊愈，我们甚至不需在意情况是否“好转”。911 事件十周年时，我和遇难者家属重新聚首，他们告诉我，翻开人生新篇章的真正关键是，要有足够的勇气与耐心迈开每一小步，呼吸每一口空气。

整理你的思绪

“画下句点”是不切实际的想法，“疗愈”却是真实存在的过程。光是承认这么简单的事实，就会让人轻松许多。

■ 方法一

疗愈的过程该如何进行呢？

改变与自我相处的态度，从 90% 的自我批判，转为 90% 的自我怜悯。

不要再对自己说（也不要再听别人说）：“没事了！”相反地，勇敢面对内心真实的感受。

方法二

遭遇人生挫折之后，你曾经用什么样的方式向前迈进？列出五种做法。

方法三

过去某些事件或经验，让你直到现在依然感到自责或难受吗？请列出这些事件或经验，并且在每一项旁边写下以下句子，并完成整句：“我不必再因为这件事情而折磨自己了，因为……。”

方法四

和一位信任的对象一起找出，有没有什么方法，或是在什么条件下，你愿意原谅自己。如果你是习惯把心事深藏心底的人，或许可以考虑寻求专业协助，不要再重复自我毁灭的回圈。

准则 10

你并不能真的掌控人生

人生自由安排，要知道何时放手

人类真是有趣的生物，自以为统治地球，却又像是从外太空来的一样。

刚出生时，对于如何掌握这个陌生世界的运转，我们毫无所知，只能一点一点地试着读出周遭环境的脉络，学会走路，学会说话，死命地试图在一团混乱中，找出一丝规律和意义。难怪刚出生的婴儿总是嚎啕大哭，心不甘情不愿地出世；也难怪还在探索世界的两岁婴儿，会像无头苍蝇一样乱撞难搞。

女儿史黛菲还是婴儿时，经常因为尝试落空而哭闹。一开始，我会用尽方法想让她闭嘴，但是一直“嘘”她根本没有用；几次之后，我就和其他父母一样，开始学会分辨不同的哭闹声。我发现她哭的时候，通常并不是因为饿了或尿布湿了，而是在发泄面对全新经验时所产生的无助感。了解这一点之后，我会尽我所能地安慰她，甚至鼓励她。我会说：“加油！你可以的，亲爱的！没关系！”通过哭喊表现出挫败、困惑和丢脸的感觉是自然且健康的，而且，史黛菲只要发泄完情绪就没事了。她现在已经长大成人，总是说：“回想当初，我爸爸和一般爸爸很不一样。把孩子当成大人来养不是一件容易的事！”

其实，孩子成长也很不容易，要学会乖乖坐在桌子前、双手叠放在大腿上，还要学会控制内心未驯化的野性。在成长过程中，我们学会让困惑和混乱都平静下来，学会通过沉默、压抑和许多声“嘘”，来控制自己的冲动和情绪。

人类本能地想要掌控自己的生活，因为没人喜欢不确定性。所有人都希望掌控自己的一生，希望能在人生这出戏的演出名单上，看到自己的名字：“快看！我的名字！作者、导演、制作人，还有舞蹈编导，都是我！”甚至直到死前都还挂念着这件事。

其实我们也几乎做到了，至少在某些特定的情况下，我们的确成功控制了人生的走向；而控制欲强的人更学会高超技巧，操控人生中的许多面相，从中得到安全感和力量。人类发展出内在能力（创意、韧性等）和外在连结（感情、工作），让事情照着计划走；而有那么一会儿，甚至有那么几年，事情似乎真的完全照着计划走。

不过，总有一天，每个人都会发现自己无法永远掌控所有事情。事情照着计划走的那么几次，也只是因为宇宙间的“崇高力量”刚好和我们的意向一致罢了。总有一天，事情不再顺我们的意，世界运转的方式不再对我们有利，我们还是会经历逆境。正在阅读这本书的你，大概已经发现了。

决定人生方向的，不是只有我们，从来都不是。就像前面提到的，人生自有安排。

那么，当人生恣意发展的时候，我们该如何是好？

随着年岁渐长，我们开始在脑中计算自己还有多少年的寿命，这时才开始明白人类是多么脆弱的存在。面对死亡、面对灵魂的存在，以及一股活在当下的急迫性，我们因而学会与生死大事和平共处（我开设的“勇敢变老工作坊”，主要就是在讨论如何实际与“生死”和平共存）。

掌控范围之外

出乎意料的人生剧变，是最严厉的警世钟，使我们恍然“掌控人生”只是一场梦；越是坚持这个幻想，就越难找到内心的平静。“掌控人生”的想法是个恶性循环，正因为我们害怕失去，所以拳头握得出奇地紧；受到伤害和惊吓的时候，更会试图掌控一切。但是，越是如此，反而越容易失去珍爱的人事物。

在人际关系中，这种情况特别棘手；越是想要掌控另一个人，就越难靠近对方。试图控制另一个人，反而极有可能失去他，因为没人喜欢受指使，没人喜欢窒息的感受。就算对方选择留下，他的心也很可能早已不在了。

我的客户吉儿告诉我："前阵子我和老公卖了房子，搬到公寓套房居住。从那时候起，比尔就不让我有半刻清闲，整个人神经兮兮，搞得我也不好受。我不想和他待在一起，所以都故意工作到很晚，回家后也早早就寝。"吉儿是个忠实的伴侣，但是，就连她这样的人，都会因为专横的另一半而感到沮丧与挫折，甚至产生厌恶感，开始疏远对方。

和伴侣之间的距离愈来愈远，虽然依旧维持两人关系，失败和寂寞的感觉却不断袭来，这恐怕是杀伤力最大的一种失去了。另一半可能就睡在一臂之外，但是却显得那么遥不可及、无从亲近，这是多么令人难以忍受的痛。两人之间的距离愈来愈远，却都无能为力，无法接近对方，对许多人来说，恐怕才是最可怕的一种寂寞。

我们最终有两种选择：第一种选择是，温柔地迎接生命中的未知，怀抱希望，诚心祈求，努力让生命更好，让人生向前迈进。第二种选择是紧握双拳，害怕最坏的情况发生，疯狂地试图掌控一切，最后逼得自己和身边的人都抓狂。总是试图控制一切的人，不妨将握紧的拳头松开一些，情况或许会更为明朗。

心灵小径：真正的平静与安详

平静（serenity）的拉丁文字根是“serenus”，意指清晰、晴朗无云、无忧无虑。只有当我们不再抓紧未知的事物时，心灵才能成为万里无云的清澈蓝天。

你或许听过《平静祷文》（Serenity Prayer），这是由美国神学家尼布尔（Reinhold Niebuhr）写下的祈祷文：“亲爱的上帝，请赐给我平静，接受不可改变的事；赐给我勇气，改变可以改变的事；赐给我智慧，分辨出两者的差异。”不管对于何人，这段简单的祈祷文都那么真实，所以不只成了匿名戒酒会的重要标语，也在一般大众之间广为流传。

强迫性的过度控制欲，不只对酒鬼、工作狂和购物狂是个问题，也是每一个心里感到恐惧的人都会有的特征。每个处在撞墙期的人，都还在调整自己，都还在熟悉控制生活时力度的收放。一旦感到自己无法掌握周遭环境，担心和害怕的情绪会使得我们试图控制身边的人，直到最后陷入各种权力斗争，以及无尽的人事纠葛。

讽刺的是，我们最该学习的，并不是如何掌控得更好，而是如何放松；该学习的是放手，而不是握拳。不论是在情人之间、亲子之间、同事之间，或是在面对老年和死亡的时候，我们都应该学会放手。从小地方开始练习，例如送孩子上幼稚园的第一天，或是孩子离家上大学，都是一种练习。对我们而言，孩子是最好的提醒。与孩子相处时，最能明白真实准则第十条：掌控人生只是说说而已！

我们能控制的范围

我们可以通过各种方式，保卫自己和家人的平安幸福与珍贵自由，因此要有心理准备，这代表着有时候必须负起责任，主动出击；但是在其他时候，保护自己和挚爱则意味着分享权力，甚至是交出控制权。说到底，我们无法完全掌控人生，就算握紧双拳直到指节泛白，也无法改变这个事实。

只要承认人生自有一套在我们掌控范围之外的规则，就不再有必要掌控一切。扬弃“掌控一切”这个幻觉，对自己和身边的人都是最好的做法；也唯有如此，才能揭开另一个人生谜团：当我们放手、不再坚持既有的期望时，意料之外的美好惊喜才有机会浮现。我们必须先清空脑袋，才有机会得到改变一生的启示；必须先感受自身的孤独，才会发现原来自己和周遭所有的人事物都是一体。

我们都还在学，没有哪一个人是完美无缺的最终作品。若是能诚实地面对恐惧，不因恐惧而精疲力竭，其实就会发现没有必要控制他人的行动和反应。如此，我们才能变得更平静、更自由。

每隔一阵子就换手让人负责吧！或许时候到了，该学着放手、学着信任了！

整理你的思绪

“掌控一切”只是幻觉，手握得愈紧，从指缝间溜走的就愈多。

方法一

哪些信念或做法能让你的心灵更平静？请勾选。

不再试图控制他人，让他们做自己。

不再试图控制生活中的一切，让计划以外的事情发生。

放松对孩子的掌控。如果他们不曾跌倒后自己爬起来，就永远不会长大。

允许自己用一辈子的时间进行疗愈。需要多少时间，就给自己多少时间。

方法二

是否曾无意识地对身边的人说过：“想开点！”或是表达过类似的想法？如果有，写下他们的名字，并且在名单旁写下应该怎么说或怎么做，才能显得更贴心、更有同情心，也更善解人意。照着写下来的内容去做！

方法三

有些人觉得，我们对自己的批评太严厉了，我同意；有些人则觉得，我们对自己的怜悯过头了，我不同意。你的想法是两者之中的哪一种呢？为什么？

方法四

哪些事情能帮助你改变内心对自我的评价态度，能让你对自己更好、更有同情心？请列出三项。

准则 11

快乐是需要不断练习的

追求快乐是人类生而具有的权利

有时候，人生中最大的难题，并不在于如何面对逆境或苦痛，而是如何找到快乐。

我们很容易感到悲伤和痛苦，却很难察觉生命中的快乐与奇迹。作家玛丽安·威廉森（Marianne Williamson）有一句名言：“我们最深沉的恐惧，不是因为无能为力，而是明白自己无所不能。黑暗无法使我们退缩，耀眼的光芒却令我们却步。”

回想 1980 年代，我帮妻子报名了一堂风评不错的课程“开怀歌唱班”，当作她的生日礼物。她有一副好嗓子，却极少唱歌，我期待参加歌唱班能开发她的潜能，让她也能享受唱歌带来的快乐。后来证明这份生日礼物真是送对了！规划歌唱班课程的天才名叫莱恩斯（Warren Lyons），从前是百老汇音乐剧的演员。在课程中，莱恩斯举自己为例，阐述“恐惧”

与“自我批判”如何抑制了“快乐”和原有的“自发反应”。他教导年龄、背景各异的学员抵抗自我批判的冲动，尽情歌唱；而学员有一周的时间，学习如何克服执拗的自我批判以及内心的恐惧。最后，包括我太太在内的全体学员，为家人朋友举办了一场现场演唱会。除了孩子出世的那两次之外，我太太从未如此开心欢畅过。

其实，唱歌、跳舞、绘画、戏剧、写作和其他形式的创造活动，所能带来的快乐随手可得，但许多人却裹足不前。我们必须斩断束缚自己的恐惧、害羞、羞耻感和自我批判，才能感到快乐。但是，这段过程需要时间；而且，对于习惯依赖酒精、药物、食物或工作来获得快乐的人而言，又格外地困难。外面有许多工作坊、课程、疗程和各种活动计划，都是专门在教导如何抛开束缚、展现自我，以及如何增加自信，并且单纯享受活着的喜悦，这些课程与活动都是很好的开始。

拥有丰饶的人生，活得快乐有意义，是人类生而具有的权利。除了“自我批判”之外，另一个阻挡我们实行这项权利的原因很简单，那就是对时间与精力的运用管理不当。在步调匆忙的生活中，许多人忘了拨出时间来品味、欣赏并赞颂生活中早已存在的各种美好。

“活在当下！”这句话出现频率太高，因而显得老套。汽车保险杆上贴着“活在当下”的标语，自我成长书上也写着：“现在就开始活！”《一路玩到挂》（The Bucket List）这类电影宣扬的理念，同样也是要人们尽情挥洒活在世上的每一分钟。我们应该拥抱生命中的每一天，因为每一天、每一位你爱的人都是珍贵的礼物；但是，要学会珍惜所有、珍惜家人、看向光明面……都是说来容易做来难。

我们拥有的只有当下。如果不懂得把握这转瞬即逝的永恒瞬间，损失将无以量计，因为我们失去的将会是唯一一次“活着”的机会。

不过，“活在当下”说起来容易，实行起来却难得很，对吧？许多人不是沉溺于过去，就是专注于未来，忘了张开双眼双耳，也忘了用心感受并体会“当下”。错过的，或许是一段正在进行的感情，或许是周遭大自然的美丽，也或许是当下拥有的富足美好。我们被设定成“冲冲冲”模式，忘了还有“暂停”和“停止”这两种选择。我们是同时朝着十个不同方向狂奔的赛跑选手，也是落跑专家，总是无法控制地脚底抹油逃离“当下”。正因为如此，我们与人生中最珍贵的片刻擦身而过，错过整趟旅程中最美好的一部分！

我们必须戒掉总是忙碌与心绪纷杂的习惯，学会如何喊暂停，学会体验和品味当下，不再逃避或远离；唯有如此，才有可能开始感受到人生的富足。若非如此，我们将永远无法得到满足，永远学不会感激，心灵也将永远得不到平静，只懂得匆匆赶往下一站、下一个“合理的”目的地，还找出各种理由为自己辩护。

真实准则第 11 条告诉你："快乐"就像身体肌肉，不加锻炼就会消失，而你也将与人生最美好的一部分擦肩而过。这可不是陈腔滥调！这就是现实！

慢下脚步

想要解释真实准则第 11 条，可想而知，最好的比喻就是"性"。只为达到高潮的匆促性行为，与伴侣之间进行的亲密性爱迥然不同。谁不想要享受高潮？但是，高潮只是性爱的一部分，并非全部。性爱中最美好的部分，是享受全神贯注爱着另一个人的感受，而这才是最能让人满足的经验（通常也能带来高潮）。

我有个 90 岁的好兄弟，他会毫不害臊地描述自己拥抱和爱抚 89 岁老伴时、令人心跳加速的甜蜜。他们这样的年纪已经不再有激烈的性爱，但是彼此之间的甜蜜与柔情让两人非常满足，也不再需要刻意做什么。在感情中，我们都有无穷的潜力让自己得到满足；而且，程度之深恐怕还会令自身惊奇不已，这当中包括性爱的亲密和其他形式的亲密。除了性爱之外，还有无数种向对方表达爱意、传递柔情和展现欲望的方式。

在这个威而刚遍地横行的时代，整个社会弥漫着"勃起至上"的氛围，要说服大众接受其他替代方案实在不容易。或许没了威而刚，人们才会发现，"亲密接触"的确还有其他不同的方式。而且，这些方式所能带来的欢愉、浪漫、满足和成就感，远远超过威而刚，还能让自己与对方的连结更上一层。

你看懂这个比喻了吗？不只是性爱，在这个“以结果为导向”的社会中，最重要的永远是最后的奖杯、最后的终点线、最后达成的交易；至于中间的过程，相较之下则显得无关紧要。

赢得真正的胜利

“志在参加，不在得名。”我们都听过这种说法，意指生命中真正的喜悦，来自于朝目标前进的过程。我想进一步延伸这句谚语。在旅途上，我们不仅能找到真正的喜悦，还能得到真正的胜利。不论这个竞争激烈的社会想要灌输什么样的观念，事实是，真正的赢家不是第一个跨越终点线的人，而是能真正享受竞赛过程的人。

奥运滑雪选手米勒（Bode Miller）因为鼓吹“过程比结果重要”而遭到抨击；对他来说，赢得比赛并不是最重要的（不过，他的实力还是让他拿下了许多奖牌）。米勒在参加2010年冬季奥运时接受访问，谈到自己会尽力而为，不论表现如何都应该感到开心。他表示，自己当然想赢得金牌，可是夺金不是唯一的目标。这样的话竟然出自美国有史以来最杰出的高山滑雪选手!

在上一次奥运比赛中，媒体猛烈抨击米勒悠哉的态度，批评他明显缺乏竞争意识，感觉上只想一切“顺其自然”。媒体的报导就像在说：“米勒脑筋有问题啊？竟然说只要享受过程？他还真的说得出口！能站上领奖台的才是赢家！真是丢脸丢到家了!”

人们总是太过专注达成目标，反而错过了周遭的一切。类似事件也发生在职业美式足球界：新奥尔良圣徒队夺得 2010 年的超级杯冠军时，败阵的印城小马队四分卫曼宁（Peyton Manning）下场后，在更衣间内因绝望而崩溃，不愿与任何人说话。他的反应就像是否定自己一路走来的成就，小马队整季亮眼的表现，在他眼里都因为最后的失败而显得毫无价值。他的态度就像在说：“拿不到冠军，第二名或最后一名有差别吗?”甚至连名教练隆巴迪（Vince Lombardi）都说过：“胜利不‘代表’一切，胜利‘就是’一切。”

我们之中有多少人也是拿“输赢”向自己施压，因而感到挫败？没能成为公司总裁？失败！写了十本书，没一本畅销？失败！有了孩子之后，若是没能当选年度好爸爸或好妈妈？失败！我们甚至开始相信自己不够格“做大事”。

其实，我们还有大量快乐和胜利的存款从未提领出来，还有许多赞美和肯定遭到自己的否定和反驳。身为能干的员工、出色的作者、体贴的妻子或负责任的父母，就已经够资格受到赞扬；就算没有奖牌或奖杯，我们的成就还是值得肯定。的确，外来的肯定、崇拜和荣誉很重要（我自己就有一个从高中留到现在的奖杯），因为每个人偶尔都需要有人拍拍肩膀给予肯定："做得好！"然而，若太过依赖他人来肯定自己身为父母、员工或配偶的价值，通常只会导致失望，想通过别人来确认自己是"赢家"也是一样的。那么，到底该如何成为（甚至"超越"）赢家呢？又是该如何提领快乐的存款呢？

心灵小径：A 型人格的风险

追求人生目标固然是一件好事，但是，A 型人格的人要特别当心，因为这一类人暴躁易怒，胆固醇容易飙高，是罹患心脏病的高危险群。

学会祝福与肯定

生活中不时停下脚步，肯定自己的价值与成就，才能拥有更幸福的人生。我们不该等到人生尽头才开始赞美自己，而是一路上毫不保留地肯定自己，因为无论如何，我们当下都已经尽力了，而且做得也很好！不必等待世界来肯定你的价值，我们自身就能肯定自己。要改变原来对胜利或成功的定义并不容易，要学会称赞和肯定自己也不简单，我们需要时间和练习，才能改变对自己的评分方式。但是，这点努力是值得的，因为最终这才是成为真正赢家的唯一途径。

停下来闻闻花香

几年前，我在一家《财星》杂志排名前五百的公司举办“团队经营”工作坊。早上开过会之后，我把公司 CEO 拉到一旁说话。整个早上，这位 CEO 都神经紧绷、急于表现，完全无法放松退一步看清全局。他把注意力全放在现在已经出现问题的部分，以及未来可能出差错的部分，完全忽视了正在顺利进行的部分；然而，除了他自己，所有人都注意到了。他肩负公司要职，这样的行为严重影响了公司的领导能力。因此，我对他下了一道指示：“到外面的中庭去，闻闻那里的玫瑰花香。”

20 分钟后，他回到屋内说：“好了，我已经闻遍所有的玫瑰花了，154 朵我全都闻了。现在呢？”他的反应真是完美刻画出现代人的典型，竟然连闻玫瑰花香都成了一项必须完成的工作，只是为了前进到下一阶段的踏脚石！

这位主管没有深度的情感、思绪与自我反思，也因此无法正确分析周遭的人事物；而这对于他的团队来说，就成了一个问题。他对周遭环境不为所动，在他眼里，团队成员的努力显得无足轻重、可有可无，唯一重要的事物只剩下结果（也就是那些“数字”）。在他身上，看不到任何类似感谢或欣赏的情绪。“工作”本身成了阻碍，挡在通往胜利的路中央。这个人可以对 154 朵美丽芬芳的玫瑰视而不见，那就更别提家庭生活、关怀家人与健康状况了；甚至，他手下那群工作勤快、忠心耿耿的员工，对他来说也如同空气一般。

仔细思索真实准则会发现：“生活”本身就是我们想要获得的那份奖赏。生存、工作、与人相处的“过程”，才是人生中真正流通的货币。日复一日，我们得以实现最好的自己，用最好的方式爱所爱的人，过好自己的“小生活”——这些美好的经验，都应该让我们打从心底感到满足。有趣的是，能为此感到满足，恰巧才是最终真正的胜利。

生命是一份礼物，随之而来的是大大小小无数的祝福，我们唯一要做的就是尽力实现最好的自己。“满足”有非常多种方式与层次，赢得金牌只是其中一种。“满足”可以来自一个高贵的举动、一项顺利完成的任务、一句亲切问候、或一次英雄式行为，而这些才是美好生活的一部分。

真正的胜利，通常来自被忽略的细微事物，像是熬夜照顾病童的母亲、指导孩子功课的父亲，或是白天一封来自先生（或太太）的贴心简讯：“我生命中的每一天都因为有你而美好。”又或者是一封给上司的真诚吊唁信，其中夹了一张 250 美元支票分担葬礼开支。这些很少被注意到的动作充满了善意与爱，所造就的伟大绝对称得上胜利。

在你的生活中，是什么造就了伟大？你做了什么善举让一天有了光彩？要如何做出细微却重要的举动来改变世界？你是不是任由他人和社会替你定义成功、失败，以及事情的重要性？其实，你随时可以做出重大的贡献。不论你的身份是儿子、女儿、丈夫、太太、父母，还是一家公司的主管，都可以为自己的生活方式感到骄傲。想要改变“成功”的量尺，决定权就在你手上！

想要平衡“结果”和“过程”，是一大挑战。我们当然可以定下目标、努力追求，以高标准看待自己，并期待丰硕的成果；但是，我们也应该享受整个过程，保有感恩的心，细数生命中的美好。

所以，接下来我想要提出几个问题。

要怎么做，你才会变得更快乐、更知足、更感恩？要怎么做，你才能享受充满未知且疯狂的人生旅程、欣赏其中美好的部分？是不是有某一部分的“快乐肌”萎缩了，但只要多多锻炼，就能让我们更自由、更满足、更开放、更信任且更快乐（而且，不是因为中了乐透）？

现在就应该紧紧抓住快乐，把快乐当成生命的重头戏！真实准则第 11 条：快乐就像身体肌肉，需要经常锻炼，才能保持活力与生命力。想要尝到人生的胜利滋味、感受生命的礼赞与美好，就应该好好体会、释放、创造美好，并且知足感恩。

所以，遇到可以放开怀的机会就大肆庆祝吧！随着心爱的歌曲尽情摇摆，没有任何保留地恣意享受！

整理你的思绪

如果你的生命中还有很大的空白等着补上欢笑，底下提供的几种有趣方法将帮助你重新锻炼快乐肌。

方法一

下列有哪些活动是你愿意尝试的？请勾选。

现在就排出散步的时间，花多一点时间注意周遭环境。去闻、去看、去听、去呼吸。

回想能戳中你笑点、使你发笑的一部电影、一位喜剧演员、一次事件或是一段回忆。回忆那份快乐，和你心爱的人一起大笑、微笑或傻笑。

写下三项使你忧虑、让你（有合理原因）感到不快乐的事。在每一项旁边写下并完成下列句子：“关于这件事，我可以感到更快乐，只要……”

找出新方法展现你对伴侣的爱（或做爱），不要再强调结果。

方法二

把你生命中的恩典和美好事物全部列出来。

方法三

从下面的做法中挑选一项出来锻炼你的快乐肌。

享受简单的美好。有时候，只需稍微放纵一下，就能享受欢愉（例如泡个热水澡、按摩，等等）。

自愿做一件能让你感到快乐的事，例如带球队、开舞蹈班、带孩子出去郊游、举办同乐会。

规定自己要多微笑、多大笑。研究显示，微笑和大笑有助于释放脑内啡（人体的自然止痛药），以及让人精神振奋的血清素。

准则 12

危机也可以是意外的惊喜

如何将外部危机化为转机

前面讨论的，主要都是如何度过个人的心理危机。我在这里想要讨论的，则是如何面对会严重影响我们存在的外部危机，以及如何将这样的外部危机化为转机。

前些日子的某一天，我在凌晨三点接到一通好友打来的电话，她说她收到我发出的电子邮件，内容如下："我现在正要前往英国帮助受难者家属，急需旅费。"

问题是，我根本没有发过这封邮件。这位朋友非常了解我，一看就知道我成了网络诈骗的受害者。

接下来几天，可以说是我人生中最让人难堪与坐立不安的日子。由于我的电子邮件账号被盗，骇客取得了所有联络人的资料，因此，收到那封诈骗邮件的联络人超过一千名。包括我在商业上往来的客户、全球各地的受难者家属、老同学，还有过去 10 到 15 年间与我有联络的几乎所有人，都收到了这封诈骗信。

最糟的是，骇客寄出邮件后，删除了所有联络人资料，所以我无法直接寄信警告大家那封信是假的。

当时的情况糟透了，我认识和关心的人很可能会受骗，按照骇客的指示把钱汇出去。他们出于对我的关心，想要在我有需要时帮我一把，却可能因此遭到金钱诈骗。这种事情居然发生在我身上，我觉得受到严重的侵犯，更别提彷徨无助与遭人羞辱的感受了！

所以，我在凌晨三点下了床，开始重建联络人资料。我试着回忆起任何还能记得的电子邮件地址，并请其他人帮忙补上空白的部分。接着我展开密集的电话和电子邮件通知，告诉亲朋好友，那封邮件纯属网络诈骗。我联络了地方上的联邦调查局分部，还有圣地亚哥地方检察官办公室、伦敦警局（诈骗集团指定把钱汇往伦敦），以及提供汇款和电子邮件服务的相关公司（主要是联络这些公司的反诈骗部门）。

有些朋友真的就如同我担心的那样，正打算依照邮件指示去汇款；不过，出乎我意料的是，在这场恶梦中，我也经历了人生最感人的时刻。那封诈骗邮件寄出后的隔天，我家的电话就响个不停，不断地收到来自世界各地的问候：“肯，你还好吗？”“肯，我们都支持你，有什么是我们能做的？”

其中一些较精明的朋友，立刻看出那封信是诈骗邮件，所以也打来跟我开玩笑，每一通电话的内容都趣味横生。有一位女性朋友打来，她最近才刚离婚，选择回去读大学。她说："我一看就知道不是你寄的！脑筋有问题才会跟最近离婚的穷大学生要钱！"还有一位朋友打来开玩笑说："别担心，我已经汇了两百万美金过去了！在英国玩得开心啊！"几次之后，我接起电话的第一句话变成："诈骗中心！请问找谁？"

十几年没联络的老朋友也打来说："这刚好让我有借口打来跟你说声'嗨'！挺想念你的！"联络人名单上的老客户也打来："我一直想找你回来公司，最近有空吗？"突然间，新生意上门，和老友连上线，好几年没说话的对象打来分享近况。多年来，我无意间构筑起的爱与支持的网络，刹那间自发地涌现出全新的生命力——而这一切，只是因为一封诈骗邮件！

如果我说这场诈骗悲剧就此结束，那肯定是骗人的；但是，在这场恶梦中，我的确意外收获了大量的爱与关怀。那一天，我接了上百通电话，收到近四百封电子邮件，全部都是认识的人捎来的问候。塞翁失马，焉知非福？大多数人都要等到葬礼那一天，才能感受到如此丰厚的爱与关怀呢！

这个故事的教训是什么呢？有时候，船就要沉了，但情况或许并非像表面上看起来那么糟。面对已经爆发的危机，或是正在逼近的危机，记得要深呼吸，尽其所能抢救整个局面。带着人格、勇气、甚至一份幽默，正视让你感到困窘的原因，或许你会惊讶地发现，毒药入喉竟化为美酿。

真实准则第 12 条：只要能顺利渡过难关，危机也可以是转机。脏话尽管骂出口，好好发泄情绪，然后深吸一口气，站稳脚跟。不要被混乱局面吓倒，尽快展开行动解决问题，尽你所能做出不失品格的决定。千万记得，再怎么不堪的情况，除非你自己先弃械投降，否则没有人能污蔑你的人格与荣誉。

来一剂强生公司的“道德强心针”

有关不失品格的决策和有效的危机管理，世界顶尖的商学院在课堂上教学时，引用的经典案例通常都是强生公司的泰诺危机（Tylenol crisis）。1982 年，芝加哥有七位民众，因为服用被掺入氰化物的泰诺强效胶囊而中毒身亡。有关当局最后判定，药物并不是在工厂制造过程中受到污染，而是成品已经在商店上架后才发生。虽然当时媒体大幅报导这起事件，却一直没找出下毒者。

制造泰诺胶囊的强生公司虽然免于舆论责难，但是依然面临严重的消费者信心危机。而且，就在全国弥漫恐慌气氛之时，竟然又出现了下毒模仿事件，美国食品药物管理局在同一个月，就查获了 270 起疑似下毒事件。泰诺止痛感冒药是强生公司销售得最好的产品，突然间，民众却都吓得不敢再买。美国国内的行销专家都预测，强生公司无法再用“泰诺”这个品牌销售出任何商品。

这些专家可说是错得离谱。强生公司不但卷土重来，而且他们身为大企业，遇到危机时做出符合企业道德的第一反应，是近代历史上最好的榜样。

强生公司的第一步，就是确认消费者安全至上（公司利润是其次）。他们通过各大媒体呼吁全美消费者，在确定产品受波及范围之前，不要再服用任何泰诺药品，并且召回全美的产品。总共有3，100万罐泰诺药品撤架，召回的药品全数销毁，总损失估计超过一亿美元。他们做的还不只这些，针对已经购买泰诺胶囊的消费者，公司甚至提供免费“胶囊换药锭”的服务。

第二步则是强生公司的公关计划，为的是重建公司和产品的信誉。强生公司在第一步已经向全世界证明了，他们关切消费者安全的诚意；接着，便展开一连串密集的行销和广告活动，要让泰诺重登销售第一的宝座。强生公司总裁柏克（James E. Burke）表示：“恢复信誉需要时间，需要金钱，而且过程一定会很艰辛。但是我们相信，重建泰诺原有的地位，不只是明智的商业决策，也是我们的道德责任。”

芝加哥中毒事件发生后不到六周，强生公司就推出了全新系列的泰诺胶囊，包装采用三层封口，以防遭到下毒。全新包装的泰诺胶囊，一个月后上架开卖。食品药物管制局下令全国改用防下毒包装后，强生是第一家行动的公司。他们不只发行一系列优惠券和折价券，还到各医疗机构推广新产品，更祭出全新的广告活动。

心灵小径：良心企业

安然公司（Enron）丑闻案和麦道夫（Bernie Madoff）主导的经典庞式骗局（Ponzi scheme）之后，大众很容易便将矛头指向企业贪腐，“占领华尔街”的活动就是向美国金融体制的不公表达愤怒与抗议。可喜的是，全世界仍有数以千计的企业严格遵守企业道德，相信您的企业也是其中之一。

中毒事件 30 年后的今天，泰诺这个品牌依旧屹立不摇；大部分民众在社区的药妆连锁店购买泰诺时，也丝毫不会犹豫。这全是因为 1982 年危机发生时，强生公司采取了迅速、明智且负责任的因应对策。其中，负责任是最重要的一点。他们带着尊严与决心来处理危机，从不曾推诿责任。

我们再来看看，2010 年丰田汽车发生危机时，他们的公关是怎么处理的。这两家公司的危机处理可以说是光谱的两极！三十多年来，丰田一直都打着“可靠”这个金字招牌。

2009 年，Camry 的销售量达到 356，000 辆，是美国销售第一的汽车；Corolla 销售了 297，000 辆，位居第二。

但是，丰田汽车多年来建立的信誉，却在短时间内崩解了。当时，Prius 系列出现油门踏板失灵、导致失控加速的情形，丰田进行大规模召回，并且停止生产某些车型。然而，真正的问题出在他们的危机处理方式，或者应该说，他们的危机“零处理”。

原来，Prius 的踏板问题早在 2008 年就已浮现，但是丰田汽车却迟迟没有回应。多个消息来源表示，早在问题被公开之前，就已掌握汽车瑕疵的相关资讯，这表示他们原本或许可以阻止许多意外事故、伤害和死亡的发生。

面对媒体的挞伐，丰田的回应态度说好听点是冷漠，说难听点就是不负责任。他们将车祸发生的责任推给个别汽车驾驶人，还强调某些地区的车祸率原本就偏高；说到底，就是不愿自己扛下责任。民众对丰田的信任感跌落谷底，原本排名在丰田之后的竞争对手急起直追。虽然现在下定论还太早，但是，原本长期深受喜爱的丰田汽车，再也找不回过去的地位。

丰田擅长长期策略规划是全球知名的，规划的长度有时 50 年、100 年、甚至长达 200 年（端看你询问的对象是谁），但是居然发生了这样的情况。这让人不禁疑惑，在丰田的百年计划书上，难道规划了要在六个月内毁掉几十年建立起来的信誉吗？

想要保有好名声，并且有道德、负责任，应该选择上述哪一家公司的做法？强生公司？还是丰田汽车？

展开实际行动

“一世英明毁于一旦。”大家都听过这句话，意思是错误的一步或几句无心之言，就有可能造成无可挽回的错误。虽然丰田一向以品质出众的汽车闻名，但是一场全国性的公关危机，就能在瞬间全盘抹杀以往的光辉纪录。

企业界范畴之外的名誉危机，更是有过之而无不及。在今日社会中，名誉危机通常都发生在自己的掌控之外。现代社会充斥着八卦小报、身份剽窃，还有造谣者、电子骇客、诈骗集团和政治刺客。不论你是一家公司的 CEO，还是惹火了死对头的中学女学生，只要对手点点滑鼠、放放流言，你的名声都有可能在几分钟之内臭掉。

我为珍娜·德鲁克中心募款时，从不退缩。事实上，我是该中心的最大募款人，但是我从未从中获利，以后也不打算从中获利。所以，当我发现那封意图不轨的电子邮件，竟然在我的联络人之间流窜，还以我的名义讨钱，那简直就是晴天霹雳。近千名朋友、家人、客户、同事等联络人遭诈骗金钱，这对我最重视的人格、声誉与声望无疑是严重的打击。

心灵小径：网络诈骗

美国联邦调查局最新公布的报告显示，2009 年的网络诈骗金额高达 5 亿 5，900 万美元（这是 2008 年网络犯罪数据的两倍）。请大家采取各种预防措施，保护自己不受骇客、钓鱼网站和身份剽窃的攻击。如果不幸受骗，也要尽其所能尽快控制灾情。

真实准则第 12 条包含两个部分，都是宝贵的人生经验。第一部分：每个人都会受伤。不论是遭到网络诈骗、受到商业伙伴欺骗，或是被团体中恶意散播的流言中伤，我们一生中都有被诬陷、攻击或怀疑的时候，都会遇到类似情况，没有人能免疫。

第二部分则告诉我们：如果成为诈骗或谎言的受害者，或者的确犯了错，如何处理危机就看个人的努力了。就像强生公司面对危机一样，不堪的情况出现时，必须尽己所能导正事情的发展；就算有时错不在己，也要尽力为之。实际的做法又分为两步骤，都是应该尽快采取的行动。

第一步是开诚布公。在任何危机中，首要责任就是保障其他人的安全与福祉。不论是一罐泰诺胶囊，还是一份联络人名单，只要有可能危及他人，就应该让事情出错的部分曝光，尽全力将伤害降到最低。必须诚实通报可能受波及的对象，给予详细的指示，提醒他们该如何保护自己；而这也代表着，如果的确错在己方，也必须面对他人的反弹。

在我个人的案例中，受到威胁的，是好友、同事们的财产。因此，我的首要目标就是，联络所有我想得到可能在联络名单上的人，通知他们那封邮件是诈骗信，不要汇款。这一步行动无关于个人名声或内心难堪，因为目标是尽我所能保护他人不受伤害。

这也是为什么我得以抛开内心的犹豫，彻夜联络所有可能收到诈骗信的人。在没有联络名单的情况下，要联络所有人真是困难重重。我花了好几天的时间，从早到晚打电话和寄信，试着让上百名联络人了解情况。我寄出的电子邮件简明扼要，但是对整起事件负起责任，也为所有可能因而造成的不便致歉。对于其中某些对象，我还特别向他们保证，和我或我公司之间的关系不会受到任何影响。

电子邮件账号遭骇客入侵，这是既定的事实。现在，我的责任是保护所有联络人的财富、生理与心理的平安。我希望让他们知道，我已负起责任，也已经通报有关当局（联邦调查局、地方警局、电子邮件公司的防诈骗部门等等）。我采取所有能缩小灾害范围的措施，连续 40 个小时，不眠不休地讲电话、使用电脑。这段过程令人精疲力竭，但最终还是值得的。

当所有能防止“灾害扩散”的措施都完成后，接着采取第二步骤：预防。对强生公司而言，预防措施就是将顾客的健康与安全列为第一考量，确保意外死亡事件不会再发生。对我而言，预防则是指确保类似事件不再重演。所以，我将电脑送厂全面维修检查，让技术人员仔细检查硬件设备，找出所有的系统或程序瑕疵，并且安装能买得到的最好防毒软件。同时，我继续与地方警局、联邦调查局、英国金融服务管理局，还有电子邮件提供商、汇款提供商都保持联系。在现代社会中，个人的安全与隐私都面临全新的威胁，为了避免悲剧重演，我希望能尽一己之力。

灾难发生时，就担起责任。不论是个人尊严或是职业尊严，捍卫尊严的责任都在自己身上，而不是在他人。为发生灾难而道歉，并以行动展现诚意。直接行动改善情况，这样其他人就会知道，你不只关切这次危机，也已经采取实际行动，预防类似事件再次发生。保持警戒，只要有机会就进一步改善，尽你所能将毒药化为佳酿；不过，也要记得平心静气接受已成定局、无法改变的事实。

捍卫尊严

不知读者有没有听说过，里根总统时代的美国劳工部长唐纳文（Raymond Donovan）。1987 年，唐纳文和另外六名被告遭大陪审团起诉，罪名是让意大利热那亚的黑道家族接手纽约市新地铁线的工程案。

五年过后（是的，你没看错，真的是五年），进进出出法院无数次之后，唐纳文和其他被告终于无罪开释——完全无罪，重获自由。就是在这个时刻，唐纳文面对媒体说出了他的名言："我失去的名誉要去哪个部门申请领回？"

这是很悲哀的事实，一旦名誉受损，重建信誉的过程将会非常艰辛。从非公众生活的层面来说，很多人在人生中有时也会遭受人格侮辱。例如，虽然我自己尽力缩小诈骗邮件的伤害范围了，但每次遇到认识的人，都还是需要做"灾情管制"，诈骗事件对我的打击实在不小。

心灵小径：名誉

想要保护名誉的树桩不受无知的乱石攻击和诋毁，是一件非常困难的事。

——佩脱拉克（Petrach）

我当时的感受，可以用无可奈何来形容。一开始，我一直自责早该多点警觉心，早该下载最新版本的反间谍软体，责怪自己怎能如此不负责任。但是，后来联邦调查局的人员告诉我，不管采取什么样的预防措施，有办法的罪犯还是能威胁民众的安全与尊严；不论怎么做，都不能完全免于诈骗信件、垃圾邮件和病毒的威胁。罪恶感、难堪，或是一句"早跟你说了吧”，对我或任何人都没有实质帮助。既然无法完全避免危机发生，我们更应该通过可靠的安全预防措施，尽全力保护自己和身边的人。

我在那次事件中学到，一个人没办法永远保护自己的名誉，这就和电脑不可能永远不受骇客威胁一样。人生中总有一天，你将会遭受打击；但是，你的尊严可以在破坏威力最强大的飓风中屹立不摇，而且你有能力控制灾情。

虽然“名誉”和“尊严”紧紧相连，但两者还是不同。你的“名誉”可能在人生中不断受到挑战，包括诈骗邮件、经商失败、恶意造谣，或是破坏力强大的八卦，等等；然而，你的尊严却很难受到伤害，不论其他人怎么说，你内心的人格还是一样。

对你有信心并且清楚你的人格的人，在你遭受犯罪指控时，不会立刻下定论。他们了解你、信任你，在证明你有罪之前，宁可相信你的清白。他们不会听信他人散播的谎言、中伤、错误，或是没证据的指控。他们知道你是好人，因为在过去的相处中，你已经赢得他们的信任与尊重。

但是，就算你在过去已经证明了自己的人格，强化并巩固了其他人对你的印象，一旦有意外或危机发生时，你还是会遭到质疑。不过，只要能扛起责任，立即采取应变措施，尽其所能导正情势，就能重拾甚至提升原有的尊严。总而言之，一个人的名誉有受损的可能；但是，他在别人心中的价值和可靠程度，却可以保持完美无瑕。

从小到大，我们都被告知“挫折”会带来“破坏”，是没有建设性的灾难，但有时“挫折”也能带来“突破”。事情发展不如意、不小心深陷窘境或自己搞砸事情的时候，就是人格受到考验的时刻。在这些关键时刻，一个人的所作所为会明确展现出他真正的为人。有些人会选择掩盖事实、怪罪他人、将行为正当化、替自己找借口、或逃避责任；有些人则会选择扛下所有责任、接受打击、诚心道歉，并且尽力弥补自己的错误。选择权在我们手上，而所做的选择便标示了自己的人格。我们可以诚实且值得信任，有责任感又谦虚，并且怀抱歉意；当然，我们也可能是完全相反的另一种人。不过，如果能用诚实、勇敢、谦卑、尊重的态度面对危机，就能阻止灾情扩大，也能克服逆境，使人格茁壮。

整理你的思绪

■ 方法一

没人希望经历危机，但危机依旧会出现。若你现在正面临一场危机，不管是个人层面还是专业层面，下面几个选项中，有哪些事是你可以尝试的？

担起该负的责任。

捍卫自己和其他当事人的尊严。

为灾难的发生道歉，并且采取行动展现诚意。

尽你所能想出可行的解决方案，阻止灾情扩大。

采取预防措施，以防类似危机再度出现。

方法二

回想过去人生中经历的危机或挫折。若以 1 至 10 分来表示，你会为自己当时的处理方式打几分（10 分代表“处理方式妥当适切”）？今日回头看，你会做出不同的选择吗？

准则 13

人际关系无法用金钱衡量

信赖和爱才是最大的财富

成功与金钱无关。我们身为人的价值，无法用数字来衡量；真正的富有也不是金钱上的富有，而是人与人之间的爱与关怀。当然，这不是什么新鲜的说法。每个人对这条真实准则都不陌生，但是却经常把它抛诸脑后。

“人际关系即是财富”这句口号，从出现到现在已经有好多年了；但是，人们嘴巴上喊出的口号，和脑中相信的观念经常是两码子事。社会上虽然提倡“人是最重要的资产”这样的概念，但许多人还是认为“金钱”才是最重要的资产。因此，许多人轻视人际关系，投资在其中的时间和精力，也较金钱方面的投资少得多。

我们该如何衡量成功？是看银行存款有多少？还是看地位呢（包括住在哪、开什么车、拥有什么样的社会地位）？如果你给的答案可以用金钱来衡量，那么，或许是时候重新思考财富累积、重新评估事物价值、重新订定优先次序了。问问自己希望在人生尽头完成什么？我相信，将死之人的遗憾不会是："真希望当初更努力工作、签下更大笔合约、赚更多钱……。"

真实准则第13条：真实价值无法用金钱衡量。建立起信念、信赖与爱，创造真实价值（不包括经济上的获利），才能获得最大的财富。累积人际关系的财富有很多种方法，像是待在家中、拨出额外的时间陪伴家人，或是在触礁的婚姻中付出更多——就算有时掉头逃跑容易得多，却还是选择面对。彻夜照顾重病友人，助同事一臂之力，挑灯夜战棘手的企划案，对父母付出无条件的爱（就算老人家随着年纪渐长而愈来愈暴躁），每天对成长中的孩子展现出关爱，这些都是我们累积真实财富的方式。

上述行为都能创造出真正的财富，因为对我来说，"真正的富有"是带着一颗充实的心过生活。在生命中拥有所爱之人，也有爱己之人；怀抱能超越各种歧见的信心（歧见是必然的存在）。明白自己能与身边的人一同走过人生旅程，理当心怀感激：史黛菲几乎每天与我见面，就算见不到面，我们也会用简讯联络，父女感情深厚。我的侄子史考特也有一个两岁大的漂亮宝贝亚莉山卓，父女俩的生气蓬勃，我都看在眼里。90岁高龄的母亲罗莎琳会在我身心疲乏的时候，寄来满溢关怀之情的电子邮件。亲爱的莉榭让我可以分享人生中的喜怒哀乐。捡回来的流浪狗豆豆，可爱的傻样总是令我莞尔。还有我亲爱的朋友，每一位都用他们独特的方式传达对我的爱，触碰了我的心。这些人与人之间的关系，带出我最良善、充满爱的一面，充实我的心灵，丰富我的人生。我是个富有的人，与他人之间的密切连结，就是我拥有的最大一笔财富。我是个幸福的人。

我们展现出的慷慨大度、爱、耐心与谦卑，终有一天会为我们带来做梦也想象不到的大笔“人际财富”。

既然如此，为什么还是有那么多人，无法理解“金钱”并不是真正的财富呢？为什么还是有许多人，在银行账户和地位象征中（房子、车子、服装、孩子就读的学校等等）寻找自我的价值呢？

原因或许是，人际关系的价值无法量化。如何得知自己是不是好父母、好伴侣或好主管呢？这种事情可不会出现在季报上。相对地，“金钱”实质又好计算，可以清楚看出盈亏，只要瞄一眼图表和数据，就能明白自己所处的位置。再加上，只要谈到财富，我们就已经习惯条理分明的交换条件：工作，换取金钱。因此，比起抽象的“有人爱”“有人理解”“人与人的连结”等内心情感，运用实质的“金钱”来计算“成功”省事多了。

心灵小径：真实价值

法国剧作家莫里哀（Molière）说过：“事物的价值都是人定的。”一旦相信真正有价值的是人际关系，而不是那些“事物”，就会发现自己拥有的财富比原本想象中多很多。

金钱可以买到地位，而地位是可以衡量的，这多么令人欣慰。因此，有些人误以为，购入时下最潮的新车，或是买下最名贵的珠宝，就能提高自己在他人眼中的价值。的确，这些地位象征物可以短暂“冲高”自我评价，但其实是因为背后缺乏有意义、真正亲密的人际关系，人们才会试图借由物质享受来弥补内心的缺憾。但我们都知道，用“地位”来安慰自己，或是用“金钱”进行疗愈，都只是一时的应急之道；说到底，地位再高、金钱再多也永远不够！

我们身边都有那种钱多到没处花、却过得很悲惨的人。物质上的富裕并不会让人“感觉到”富有，因为我们的精神资产存在“人际关系银行”里。我遇过一些客户，终其一生都在用钱买朋友、买家庭关系，最后却发现自己在人际银行已经破产。最后，他们只能一个人住在占地 1，400 平方米的豪宅中，疑惑自己为何如此空虚与寂寞。担任主管培训教练时，我借机帮助了许多非常成功却不快乐的男男女女，教他们如何扭转眼前的情势，发掘一个在金钱、财产和地位之上的世界，一个能真正累积个人财富、创造成就感的世界。

很多客户后来也慢慢明白了一个道理，那就是：真正的“富有”与“金钱”几乎毫无关系。当然，人生在世，还是必须陪着玩金钱游戏，因为账单需要用钱支付，工作也不可能因此荒废，没人说不用金钱也能生存。尤其是具备企业家精神的人，面对山一样高的挑战、帝国一样大的版图，都等着他们去征服；在这些过程中，当然有钱好办事（而且，在你尊敬的人眼中有点“地位”，更不是什么坏事）。但是，金钱应该只是达到目的的一种手段，绝对不是目的本身。虽然我们赋予价值给金钱，但是说到真实长远的幸福快乐，金钱本身可说一点价值也没有。

临终告白与觉醒

简单想象一下未来：临死前，你会对身边至亲的人说些什么呢？

我猜，和你的银行存款有多少应该没什么关系吧？较有可能是像下面这些例子：“真希望当初能多花点时间陪陪孩子。”“真希望当初有机会告诉父亲我爱他。”“真希望当初能和前男友／女友达成和解。”“真希望我曾放手享受过人生。”不论你想象中的临终告白是什么样子，从今天起，那就是你的新“损益点”。

想象临终告白，可以让人生中真正重要的事物变得一清二楚。到底什么才是真正宝贵且无可替代的？到底什么才是最有价值的？什么能让你获得最大的满足？这些问题的答案总是归结到以下三点：与所爱对象的关系、尚未展露或表达出的那一部分自我，以及对于自由与和平的更大渴望。

每个人一生中，总会有某些时刻特别“孺子可教”；也是在这些时候，我们才有机会更完整了解人生的真实准则。你很可能正处于这个时刻，所以才会拿起这本书来读。对你来说，通往觉醒的大门或许正打开着，也或许才刚开了一条细缝。无论如何，现在正是时候，让我们重新检视事物的优先次序，并且依照新的次序重新组织生活。

真正的富有并不在于“得到”多少，而是在于“付出”多少。这里是指不求回报的付出。有些人认为，无私的付出就是提供无偿服务；也有些人认为，应该通过慈善事业或什一奉献来实行。15 年前，珍娜·德鲁克中心成立，开始了“家庭互助计划”和“女青年领导者计划”。这些年来，我投入全副身心，一天 24 小时、一周七天不休息，关怀无数家庭和女青年。珍娜·德鲁克中心募得的捐款上百万，没有一毛落入我的口袋，但我觉得自己是圣地亚哥最富有的人。

我成立中心的目的，是向珍娜的生命与灵魂致敬，成为她的“遗产守护者”。这不是我在女儿出生时选择的道路，但是，现在已经成为了我脚下的道路。我成为受难者家庭的生命线，也赋予了女青年更大的权力。我把悲痛转化为爱，并且将这份爱散播出去。随着时间流逝，珍娜·德鲁克中心成了我人生中的一大任务，也成为我拼凑出人生真实准则的重要拼图。

我们不必等到悲剧或灾难发生，才去挖掘内心的同情和行善之心。亲身体验过“失去”的恐怖与绝望，同情心已被唤醒，就算再吝啬的人也会忍不住伸出援手。但是，何必等到那一刻呢？我们身边早就满是受苦之人，社群团体中的成员、街坊邻居或家人，都可能处于困境。近在咫尺，远在天涯，世界上任何一个角落都有需要我们帮助的人。既然有能力现在就唤醒内心的怜悯之心，何必等到悲剧或灾难发生时才开始付出？让我们从现在开始，慷慨地贡献出时间、精力与财力来帮助个人和家庭，资助社会运动和珍娜·德鲁克中心这类致力于解除痛苦、激励人心的组织。

通过一些简单的小事，可以唤醒内心的美好，并且从今天开始累积真正的财富。微小的改变可以带来极大的不同，例如用不同的方式开始和结束一天，试试冥想、和缓瑜伽、祷告、听音乐或散步。一家人一起吃顿晚餐，周末夜带孩子上电影院，应朋友邀约加入内容精彩的读书会，每周安排与配偶的约会……这些简单的小事都是真正的财富累积。

找出适合自己的方式安排出行程，通过实际行动，定期为经营自己和他人的幸福付出心力。营造出可以累积真正财富的环境，接触能够为自己带来满足的事物，为内心带来平静、感激、慷慨、宽恕与爱，与人连结。

心灵小径：营造所需的环境

为自己打造能获得真正财富的环境，无偿地付出两样东西：时间与真心。

许多人每天随兴度日，跟随冲动和欲望的脚步，盘算着有钱买辆好车，盘算着升迁，期待着渡假时大洒钱；然而，一旦遇上了解真正“价值”所在的人，很快就会意识到自己的空虚。从对方的眼中与人际关系中，我们会看穿自己生活的空虚。他们享受的单纯与快乐显而易见，就存在于他们的笑容、从容与平静中。与家人和配偶的紧密连结、散发出的善意、公司运作的流畅，也都再显示出他们的真实富足。

这样的人实践了真实准则第 13 条，他们每天选择做的事情，能为他们带来更长远的心灵平静、满足与生命意义，还能强化人际之间的亲密关系。

你也有权享受一样富足的人生。

整理你的思绪

真正的“价值”来自于生命中遇见的“人”，而不是物质享受或银行存款。想要“兑现”这份价值，就必须好好培养心灵与人际关系。

方法一

下列几种挖掘人生真正财富的方法，你喜欢哪几种？请勾选。

为伴侣计划一次无预警的户外野餐或浪漫的烛光晚餐，再安排一项可以互相分享欢乐的活动。

每周（至少）空出一个晚上陪伴家人，一起从事亲密活动（例如阅读），或是更特别的活动（例如拍一部家庭电影）。

打电话给一位老朋友，问问他的近况，一起分享美好的回忆。

对你来说，爱人有多么重要？偷偷塞张纸条在他的口袋里告诉他（或是放颗写着“我爱你”的小石头）。

和家人交心对谈时，记得先拔掉家里的电话线，或是关掉手机。

为父母做些特别的事，像是做好早餐送到房间，招待他们去按摩，或是带他们出去喝杯咖啡。

和亲朋好友计划一次聚会，记得别只是坐在一起看电视，必须彼此交流。

■ 方法二

列出三项可以为你带来真实财富的事物，并且列出能帮助你将这些事物的优先次序提前的做法，至少一项。

■ 方法三

如果你从未尝试公益活动，现在开始试着加入志愿者团队、响应募捐，或是在适当时候伸出援手，声援有意义的活动，完成不求回报的善举，并享受随之而来的温暖感受与真实财富。

准则 14

成功需要自掏腰包

承担风险，投资自己

大家或许都听过，成功需要“全心投入”；但是，你有没有听过，成功需要“自掏腰包”呢?

我有幸见过大投资家巴菲特，这个说法正是出自于他，原本是指投资时的策略：高阶主管应该购买自己所领导的组织的股份。不管主管们嘴上讲得如何天花乱坠，都比不过自掏腰包更能建立投资人的信心。换句话说，如果大老板们真的对自己的公司有信心，就应该持有公司的股份。

不过，真实准则第 14 条不只是巴菲特和华尔街的投资策略，还囊括了人生中的各个层面。不管在职场或家庭中，这条准则都适用：如果不曾自掏腰包投资、不曾投入对自己而言极有价值的事物，那就不算真正参与其中。

在感情中，有多少人总是打出安全牌呢？投入的感情极少，甚至是零，从未真正敞开心房，只因害怕受伤害？在职场上，又有多少人打出安全牌呢？做最少的工作，只要能领到薪水就好？但是，只有克服了恐惧、勇敢承担风险、开始真正在意时，才能彻底了解自己、实现自我。

重要的不是投资组合，而是投资对象；而正确的投资对象应该是：自己。

投资者无法挪用不相干者的金钱来投资，所以，我们也不该期望他人能为我们承担风险。不曾牺牲自我，就永远无法获得丰厚、充实的回报，也无法在自己的努力和付出（时间、金钱、热忱、信念等）中感到自豪与成就感。问问自己到底付出了多少？投入了多少？如果真心投入，得出的答案应该是：一切！

如果你已看不清楚自己真正在意的是什么，也无法判断什么才值得投资，或许是来一次“热忱大检测”的时候了。想要找出能让自己产生动力、真心在意的事物，并且重新点燃热情，其实很简单。只要自问：“如果不是为了赚钱，我每天想要做什么？”“我最希望发生的事是什么？”“人生有什么是值得我去奋斗争取的？”“有什么是我一旦失去就活不下去的？”

把全副心力投注在真正重要的事情上，才能感受到最极致的欢欣与快乐。所谓重要的事，包括人与人之间的关系、工作、孩子和婚姻，也包括所处的群体和国家、所拥有的信念，还有（无论大小）让世界变得更美好的愿景。

心灵小径：戏棚下站久了就是你的

有句俗谚说："戏棚下站久了就是你的。"许多人在人生中总是敷衍了事，但如果不先展现出真心诚意、不先投注心力，所有的作为终将空洞无果。

你有目标、有热情吗？或者每天只是敷衍了事？你愿意承担风险吗？还是因为恐惧而双腿发软、裹足不前？你躲在无意义的工作或虚伪的婚姻背后苟且过活吗？你假装毫不在乎、漠然和冷淡，其实只是为了避免受伤、失败和失望？

你想不想每天带着热情和坚定的信念过生活？想要为自己的梦想尽一份心力，想要过自己的人生（而不是为了获得他人的赞同，过着虚假的人生），必须从投入真心开始。

这是你的人生，你的旅程，让这趟旅程值回票价吧！相信自己的人生，投资自己的人生，朝真正重要的目标前进！相较于追求他人认同或虚应了事，真心付出后获得的回报更美好，也更持久。

整个世界都是你的！

了解真实准则的个人层面之后，就能更上一层楼，展望自身利益以外的整个世界。关心家人朋友、社群团体、各个地区，以至整个地球的需求和呼声，正视不公不义的情况，试着伸出援手——这也是付出真心的一部分。

看看地球正在面临的危机，就会发现整个环境需要大家的关心。人类全体的消耗和掠夺欲望（石油、粮食、水、能源、地位、宗教，等等），成了失去控制的瘾头，恐怕在解决方法出现之前就会自我毁灭了。如果我们还不清醒，还未意识到目前的所作所为深具毁灭性，而且不利于永续发展，总有一天，破坏程度将会大到无可挽回的地步。对酒鬼来说，那一步是指肝脏、肾脏衰竭；对地球来说，则是指化石燃料将空气和水污染殆尽、动物灭绝、战争一触即发、没有人再关心这一切的那一天。

逃避事实是瘾君子的共同缺陷，而人类毫无节制地消耗和支出，产生各种污染和废弃物，也都是否认事实的结果。人类和瘾君子一样，永远都嫌拥有得不够；不管是瘾君子还是永不满足的人类，放任物欲横流的结果都很悲惨。因此，我们必须看清摧残身体或生态环境时所产生的风险，否则永远都脱离不了因恐惧而瘫痪的状态。我们就像瘾君子，面对现实和认知上的差异时，面对危险的情况时，选择躲藏、否认、压抑、无视、找借口、正当化和自圆其说。总之，就是想要说服自己：没有必要做出任何改变。

假使警觉性不够，投注的心力不够，就算出现了警讯也会被忽视。不愿付出真心来换取崭新的方向，就只会迎来恐惧与逃避；如同迈克尔·杰克逊的歌词所说的，应该要“与镜中的自己好好谈谈，带来改变”。

我的咨询者对象德是一名半退休的 CEO，他是家族企业的创办人，公司发展状况良好。几年来，席德一再拒绝让自己的餐饮服务公司进行“绿色审计”（席德的两个儿子以此称呼符合环保的经营方式）；但事实上，他的公司在环保方面有许多应该改进的地方，而且他的竞争对手也已经采取环保的做法。可是，席德不愿拿自己原本的计划来冒险（也就是如期退休，然后将家族企业交给儿子经营），这项计划是他一生的梦想；不过，就在去年，席德和内心的自我进行了一番长谈，做出了改变。

一开始，“是否该让公司更环保”这个话题，碰巧在每季一次的家庭咨询会谈中出现，我趁机向席德和他的儿子们讲述美国原住民的理想：七代。我向他们解释：“美国原住民做决定的时候，是考量这个决定对往后七代子孙会带来什么影响。这是他们最神圣的价值观，也主宰了他们所有的决定。”

家庭咨询过后一个星期，席德打电话来预约个人咨询。他想了很久之后告诉我：“肯，很长一段时间以来，我一直相信改变公司运作方式的风险太大了，尤其现在的经济又不景气，不应该冒这种风险。但是现在，我想趁还有能力时做些改变，希望能为我的孩子的孩子的孩子也尽一份心力。”

席德告诉我，他已经和太太、儿子们商量过，决定在未来几年投资一笔不小的资金，让公司变得更环保。会谈的最后，他热泪盈眶地告诉我，这项决定让他感到“非常开心、非常骄傲”。

这是你的人生，你的世界，何不试着描绘出崭新美好的远景，追求永续发展，以及充满爱与和平的世界？何不试着付出真心呢？

整理你的思绪

方法一

是什么样的恐惧让你裹足不前，不愿意投注心力（不论是在工作、婚姻、友情、梦想上，或是在养儿育女上）？列出你的恐惧！

方法二

要怎么做才能帮助自己克服恐惧，坚定内心承担风险以求回报的决心？在每一项恐惧旁边写出一样你能做的事。

方法三

“愚蠢地冒险”和“聪明地冒险”之间有极大的差别。观察自己眼下的人生，列出符合两者的例子。

方法四

你会对某些事物极度在乎、极具热情，愿意为它付出一切吗？列出三样。

方法五

如果你是害怕承担风险或讨厌冒险的人，写下三种能让自己更有勇气、更有自信的做法。

准则 15

你的局限，比你认为的还要多

找出你的盲点

盲点，每个人都有；而且，可不只是在开车看后视镜的时候才有。身为人类，难免感到不安，产生偏见，内心的盲点更是难以避免。但是，如果能认清自身的局限，采取行动扫除盲点，或许就能补上原本忽略的观点，矫正原本扭曲的视野，让思路清晰的分析取代恐惧。我称这个过程为“真相大盘点”。

“自尊心”是其中一个需要谨慎自我管理的盲点。事实上，几乎所有人的自尊心都比自己想象中来得高，所以经常把自己和自身的信念当成整个宇宙的中心；不过，没有人会承认这一点。家庭和公司，经常是由潜规则和众人默认的机制来规范和领导；而这些规则和机制的存在，纯粹只是为了满足少数领导的自尊。掌权者试图提高自己的重要性、优越感和存在必要性，在过去的历史中，我们都已经领教过这种后果。不过，其实不论身份和地位，某种程度上，所有人都受到“自尊心”

的专制统领。

问题在于，如果让自尊心决定呼吸、说话、行动和生活的方式，所表现出的行为举止，最终只会带来自我毁灭，同时还会伤害到原本关心的人和组织。一味迎合内心自尊、平复不安，反而会成为扯后腿的原凶，拖累自己、整个家庭或组织。

史蒂夫是主管培训的客户之一，过去的他就是“自尊心反而扯后腿”的最好例证。从前，他是一家大型生物科技公司的 CEO，在公司已经待了超过 20 年，是个典型的“管家婆”，公司里的大小事都由他一人掌控着。他和许多掌权的主管一样，需要有人特别提醒，才会想起应该更信任自己长久以来花费大量心力招募、培训的员工。

有一次，我参与了该公司管理阶层的年度策略会议，而史蒂夫也准备了和过去十年来如出一辙的励志演说——很多人对自己的孩子也会采取类似的策略，一次又一次用同样的讯息轰炸孩子，因为这些专横的父母认为，只听一遍是不会明白的。史蒂夫就像那些专制的父母，开始了他的轰炸式演讲；而他手下那些能干的科学家，仰起头看着他们的老板，一如往常地右耳进、左耳出。我坐在一旁，边听边想，要是史蒂夫手下的团队能掌握更大的权力，他们会不会有属于自己的年度演说？新版的演说是不是足够震撼史蒂夫，让他大开眼界？

隔天，我向史蒂夫提起这件事。考虑一阵子之后，他答应克制自己主导所有会议的冲动，不再独自拟定讨论方向，转而让管理团队接手。我告诉他，我可以带着封嘴用的胶布参与讨论，以防他控制不住自己；不过，他向我保证一定遵守约定，退后一步尽量不插手。我提醒他，管理团队和底下的员工都够老练、够能干，而且愿意投入更多心力，积极负起责任，担任舵手，追求更好的成果。

事情也真如预期发展。管理团队获得全新的自由，接手了公司的管理，这可是十年来第一次！会议室中弥漫着兴奋之情，各种新鲜点子不断激迸而出，大家互动频繁、相互合作，辩论和讨论热烈进行。有些人很快展现出领导潜力，而且明显可以看出早已做好准备。原本只是又一场平凡无奇的策略会议，突然间充满了活力、巧思与创意。这场会议所产生的动力，直到一年后的今天都还持续运行着。

管理团队向史蒂夫简报时，脸上闪耀着微笑与自豪，并表示这次年度策略会议是“有史以来最成功的一次”。相对于他们的兴奋之情，史蒂夫把我拉到一旁，闷闷不乐地说：“呃，我猜我在公司也派不上什么用场了。”

这句悲伤的评论说明了真实的情况。好几年来，史蒂夫都活在不安与恐惧中，担心自己会成为可有可无、失去价值的领导者，他的言行和决策因而受控于内心的欲望。他需要感觉到自己很重要、有权力、有能力，而且掌控全局，却因此看不清对管理团队和公司真正有帮助的做法。他试图保护摇摇欲坠的自尊心，把自己的意见摆在所有人之上，想借此证明自己身为

CEO 的价值。但是，这样的做法却为公司带来负面的影响，员工也衍生出过强的依赖性和冷漠态度，形成低效的企业文化。

真实准则第 15 条：每个人都有盲点，你也不例外。史蒂夫就有一个自己看不到的极大盲点，因此，在不自觉的情况下，成为专横的领导者；而他所做的，其实是内心失去自我价值后的补偿行为。一旦认清盲点、并谦虚接受这条准则之后，史蒂夫不再扯公司后腿，他的管理团队也得以发挥最大的潜力。松开掌握之后，他反而成为更有效的领导者，多么讽刺啊！

我们都和史蒂夫一样，若是试图用自大、恐吓、虚张声势来掩盖内心的不安，就只是在找自己的麻烦，因为我们将因此失去身为领导人、父母、伴侣或社群成员的可信度和效力。权力的矛盾之处在于：想要获得力量，就必须赋予他人权力。想要打造屹立不倒的组织，成为能干的父母，并且拥有最充实圆满的人生，关键就是抛开自尊心带来的不安。只要能做到这一点，就能认清自身的价值，赋予他人权力，并且领导他们（在背后推他们一把）取得亮丽的成果。

传球！

我经常告诉 CEO，他们应该学学“禅师”杰克逊（Phil

Jackson）的思考方式。

杰克逊曾带领球队拿下五次 NBA 总冠军，他明白“干预愈少，收获愈多”的道理。湖人队成功的关键，在于杰克逊和每一位球员都建立了互信关系。上了球场之后，权力就全部在球员手中，这让他们得以全心投入球赛，也因此有了归属感。“赋予权力”正是开发最大潜能的方式，能带来目标与意义，并且激发员工（或球员）的动力与忠诚。

“赋予权力”同样适用于职场。领导者的工作，就是要为团队成员制造机会，让他们负起责任；换句话说，领导者的工作是“配球”（也就是分配工作）。用篮球术语来说：控球后卫比中锋更重要。用企业界的说法则是：优秀的领导者能创造机会，激发团队中每一名成员的最大潜能，让他们发挥所长，以各自独特的方式帮助团队达成目标。

心灵小径：团队合作

美式足球教练隆巴迪曾经说过许多富含哲理的话，下面是其中一句：“不论是团队、公司、社会或文明，成员对团体是否尽心尽力，才是团体能否顺利运作的关键。”

举湖人队的“小飞侠”布莱恩（Kobe Bryant）为例：布莱

恩百发百中的进球能力有目共睹，他在职篮生涯刚起步的时候，几乎没有失手过。但很快地，其他球队就发现情况不对，开始在每一场球赛指定三名球员专门防守布莱恩。突然间，湖人队的表现急转直下。杰克逊知道，想要让湖人队赢球，就必须在布莱恩心中建立起团队合作的观念。他和布莱恩坐下来长谈："布莱恩，你要知道什么时候该上篮，但也要知道什么时候该把上篮的机会让给队友，这样他们才有机会得分，否则我们永远拿不到冠军。"

湖人队能赢得多次冠军，正是因为杰克逊成功影响了布莱恩的决策，他帮助布莱恩看出激发队友潜力的好处（杰克逊自己则是在 1970 年代为纽约尼克队打球时，从他的教练霍兹曼〔Red Holzman〕那里学到的）。布莱恩的传球，以及他和队友之间的默契，造就了湖人队的成功。如果这个成功故事听起来有点耳熟，那是因为同样的故事也曾发生在杰克逊身上。当年的杰克逊也是一具得分机器，直到后来学会了布莱恩今日学到的道理，才赢得多场冠军。

然而，在球场外的人生，要判断何时该传球、何时该上篮，有时没那么容易。想要在两者之间找到完美的平衡点，必须控制好自己的自尊心，以确保做出的决定是以大局为重（而不只是为了安抚自己的不安与贪婪）。在人生中，每个人都会遇到需要掌权的时候，不论是身为 CEO、父母，还是社群团体领导人，有些决定必须由你来做。优秀领导者知道何时该做决定（通常只有10%的情况需要领导者做决定），也知道何时不需做决定。

其余90%的情况下，公司领导者所能做出的最好决策，就是分派工作给合适的人，并且经营团队合作。这样做的好处是，领导者可以把权力下放给更清楚状况的人，而下属也才能运用这份权力以及领导者缺乏的专业，做出必要的决策。相较于机械式、推行缓慢的个人决策与自尊心决策，讨论、辩论、透明化的对谈效率高出许多。通过赋予权力、沟通、集思广益所做出的决策，能帮助所有人找出最好的解决办法，获得最佳成果。

有多少职业球员完全不知道，该如何在自己和队友之间取得平衡，因此从来不曾赢过冠军？或许，他们害怕身边的人变强，反而削弱了自己的力量。类似的情况也经常发生在自尊心失控的CEO、政府官员、演艺人员、父母和社群领导人身上。

让队友不再是局外人

无法发挥原本具备的潜能，是企业最惨痛的损失，但这种情形却经常发生在企业员工身上。员工可是企业最重要的资产！若是沿用篮球的比喻，或许可以这么说：无法看出队友的潜力并且帮助他们发挥，等同于将队友变成局外人。不论在篮球场上或是在企业界，这个道理都是一样。

心灵小径：分享而不宰制权力

分享权力，是让家人、朋友、队友、员工或同事参与决策。宰制权力，则是让自己的自尊心决定一切。

前文提到的那位 CEO 就是一个例子，他不知道如何分享权力给其他人，也不懂经营团队合作。这位 CEO 一人独揽大权，却不知自己无形中也削弱了员工的动力，摧毁了他们的创意，降低了原本可以发挥出的潜能。25 年来，我为世界顶尖的业界、政府领导人，以及他们的高层管理团队进行主管培训，不幸的是，我发现自尊心掌权的现象不在少数，甚至在接受咨询的家庭中也很常见。

好队友，一家人

企业界经常把“团队”“大家庭”挂在嘴边，真正的行为却背道而驰；从这个角度来看，父母的养儿经与经营公司的原理其实极为相似。想象你有一群非常出色的员工（或孩子），他们却迟迟没有表现，反而总是想着如何取悦上司（或父母）以留下好印象，或忙着在这段过程中挤掉队友，这可不是团队或家庭该有的样子。在这种情况下，原本每个个人都能表现得很好；但是，因为所有人都战战兢兢，不愿与他人共患难，因此也无法创造出良好的工作或家庭环境。

在职场上，不愿拍上司马屁的人最终将会反抗，然后离去；在家庭中也是一样。大部分责任经常落在上司或父母肩上，有些上司和父母却从未学会下放权力给员工或孩子，只是一味运用手中的权力试图掌控，反而让自己陷入困境；这样的做法使得员工和孩子都失去说真话的勇气，也失去挑战并否定当权者的勇气。少了安全感与自由，也没有了意愿，员工和孩子将无法再产生新能量、想出新点子，也找不到热情。只会控制却不懂得如何激发潜力的领导者和父母，不明白自己的做法只会削弱公司和家庭的能量，身边迟早只会剩下一群唯唯诺诺（但私底下想反抗）的下属，或是关系疏远的孩子。到时候，他们也只能疑惑为何感到如此孤单。

若是能扫除不安、盲点和自尊心这些问题，身为领导者和父母的作用就能提升，员工与孩子的士气和投入程度也会大大增加。我称此为“赋予权力效应”。扫除障碍后，赋予权力的好处就会开始在整个公司和家庭中发酵。

滥用权力的代价极高，组织的效能、廉洁与生产力都可能是牺牲品；家庭成员之间变得疏远、感到绝望，也都是常见的后果。如果领导者和父母无法有效自制，或是显得毫不在乎，员工和孩子也将失去信心及兴趣。聪明有能力的人，不会在无法发挥所长的地方待太久，上级滥用权力也会导致下属变得被动、防卫心强，在台面下勾心斗角。公司或家庭中的内斗和政治角力太过激烈，导致每个人都希望得到上级青睐。员工和孩子也因而觉得，为了生存，有必要采取卑鄙的手段，导致所作所为都是在迎合上司或父母的自尊心。结果，最后产生的便是疲弱不振、散沙般的管理团队与家庭，以及大家心知肚明却都绝口不提的问题。

不健全的团队或家庭会培育出顺从的成员，这些成员的价值最多只是带来安全感与一致性。他们害怕自己的工作、晋升机会、零用钱或特权遭到威胁，不敢说出真正的意见，不但无法形成团队合作和企业家精神，还会造就出懦弱、服从、恐惧蔓延的企业文化。若是不能坦诚相见、共同讨论解决事情，已经存在的问题只会持续扩大，公司或家庭的效能也会被牺牲。有些小问题刚发生时，就应该通过开诚布公的沟通、相互的了解以及清楚的约定来解决，没有好好处理就会扩大问题，最后成为影响整个组织或家族的祸根。

当憎恶情绪开始产生、主管开始不合理地开除下级时，慢慢地，整个组织架构都会受到影响。可想而知，这样的企业或家庭最容易遭遇危机，也最容易产生长期的争端。

那么，我们该采取哪些预防措施，才能让自己、家人或公司不至于徒劳无功、错失良机呢？怎么做才能达到团队或家庭的最大效能，从中获得丰富的成果呢？真实准则第 15 条所说的，就是找出盲点，并且定出行动计划。你认为该从何着手呢？

可预防不必要损失的几个步骤

有些公司的内部文化健康有活力，运作良好，但我在和这些公司的 CEO 合作提升组织效能时，还是会尽可能提醒他们，做好遇到问题的心理准备和预防措施，与咨询的家庭合作时也是一样。我会从两个简单的问题开始："若是要解决组织（或家庭）所面临的问题，应该讨论的事情有哪些？"找出正确的对话重点非常关键，我们必须自问："要有效处理组织（或家庭）现存或潜在的危机、冲突与威胁，并把握所拥有的机会，有哪些事情是现在就能做的？"第一步是衡量当前局势：当前有哪些方法可行？哪些不可行？这个团体有没有全体一致认同的任务、愿景或策略计划？过程中，我们还必须确保每一位员工（或家庭成员）都清楚自己应尽的责任，了解团队的共同目标，也都明白如何与其他同事（或家庭成员）互补，实现团队合作的意义。想要顺利达成组织（或家庭）的任务与核心目标，最好的方式就是让每一位成员都参与方向正确的对话，以凝聚共识。

每一位员工（或家庭成员）和管理团队都必须了解到，他们各自的行为和决策可能会带来的风险和回报——这件事相当重要。如果是企业，就必须了解效能不佳可能带来的风险和威胁，例如：会不会丧失宝贵的时间？会不会降低生产力？会不会流失员工？会不会失去向心力？会不会丧失团队合作的魔力，失去原本可以激荡出的创意火花？还是会失去士气、动力或信心，甚至流失客户和利润？可能的回报又有哪些？我们能获得什么？在我们内心最深处，最希望见到的结果是什么呢？如何让多年的辛劳和奉献都能得到相称的回报呢？

个人、组织和家庭经常会左脚绊右脚地绊倒自己。如果团队成员只想着避免冲突，而且不熟悉（甚至完全不会）坦白的沟通方式，就算经营得再好、拥有的科技再先进，这家公司也会出现危机；而计划再周延的领导者、关系再融洽的家庭，也会遇上难题。太多事情被刻意忽视和掩盖，总有一天，这笔“债”还是要还的，因为问题会再度浮现。问题恶化的过程就像缓慢地失血，人们因为习惯了当前的生活方式而不自觉。一直到辞职找了新工作，或是换了新上司，有所比较之后，他们才意识到自己有多么自以为是、多么狂热、多么悲惨或幸运，然后恍然大悟：“哇喔，原来不是所有的职场（或上司与家庭）都是那样的？”

通过威吓、强逼下属而取得成功的 CEO、经理和董事会成员不在少数，也有许多父母认为，施加爱的教育在孩子身上是自己的责任。通过威权的控制和支配，这些人达到了目的；然而，一旦攀上业界顶峰，或是将孩子逼到极限后，老板和父母就会惊讶地发现，过去那一套不再有用。在威吓过程中，他们将各种沟通桥梁破坏殆尽，最后才发现自己孤单一人，而且来到了“受益”开始递减的关口。过去曾经有效的管理和管教方式，现在反而成了阻碍，只能看着自己距离成功愈来愈远，自信心也慢慢消失。

一度为老板带来大量利润、为主管赢得管理头衔、为父母管住小孩的“铁腕政策”，现在反而带来反效果。前面提到的主管史蒂夫，习惯向下属施压，有时甚至恐吓下属，行为已经越线，甚至有几次差点害自己丢了工作。虽然史蒂夫的工作能力很强（没人比他更会计算各种数字），但董事会对他的管理能力已经失去了信心。他是个精明的生意人，但是因为待人方式出了问题，他变得不再可靠，也失去背后重要的支持力量。

许多CEO败给了自己的不安，成天只顾着对管理团队发号施令。其实，如果不这么做，管理团队的效能或许能高出一倍，也能更加自动自发、同心协力地带给其他员工、股东和客户更大利益。许多父母也总是要求孩子一个口令、一个动作，殊不知不论是在公司或是家庭，专权的代价都高得吓人。相反地，成功逆转情势的CEO、管理团队或家庭，都比原先更开心，也高出一倍效能，还能享受到附加利益：家庭中和职场上的人际关系都比以前好了一倍！

心灵小径：收益递减点

收益递减点是指，一旦存在瑕疵的方法走到了极限，公司原本的获益便开始递减。这也可以是指，一段前景看好的关系隐藏着潜在问题，最终开始走下坡。这是因为恐惧和不安会误导身为领导者、父母、伴侣的我们。令人庆幸的是，不一定非要等到问题浮现，才将自己从中解放出来。

真实准则第 15 条告诉我们，想要发挥最大的潜力，有时必须先摆脱过去的习惯，采取新策略。我们必须超越自己的恐惧与不安，不让自尊心坏事，打破过去有害无益的行为模式。这通常意味着“传球”给队友，也就是同事、伴侣或孩子，并且用鼓励的方式帮助他们取得成功。当然，还是有某些时候，我们不得不孤军奋战。

职业拳击就是最好的例子。在我十岁时，朋友的爸爸教我们两个小毛头打拳击。从那时起，我就一直很热衷拳击。拳击圈中有个说法：“每个拳击手脑中都有计划，但是挨一拳就扔一边了。”拳击手昂首阔步地走入拳击场，聚光灯亮闪闪地打在他和随从小弟身上，场上播着震耳欲聋的音乐，群众激情呐喊着。这种时候，拳击手必须展现出他的自尊心——就算只是为了抹去心中恐惧的假象也好。然而，一旦踏上拳击场，若是真的照着脑中计划走，可以说是自杀！

我们就跟拳击手一样，脑中都有计划，但是脸上突然挨了一拳，计划立刻被打乱；尤其是不知从哪儿挥来出其不意的一拳，更是坏事。倒在拳击场上，拳击手晕头转向，疑惑着自己被什么给打倒了，这一刻是发现真相的关键时刻，更是事情的转捩点。拳击手可以选择动脑思考（“现在该怎么做才是最聪明的决定”）也可以选择让虚荣心作祟（“必须赶快做些什么，让自己看起来光彩些”）。任何教练都会告诉你，必须先冷静下来，撑过这一回合，才有反击、甚至赢得比赛的机会。

和想象中相反，我们不是一点都不“特别”，而是“超级特别”！只是，我们必须先了解到自尊心的界线，以及服务他人、赋予权力给他人的重要性，并且克服自身的盲点，才能开始成为更好的主管、更好的父母、更好的人。

整理你的思绪

方法一

阅读过这条准则，或许你更了解自己的盲点了。你认为自己的盲点是什么呢？把它们写下来。

方法二

在每一个盲点旁边，写下这些盲点会如何误导你的判断与行为。

方法三

对于做事的效能，你的自尊心可能会构成什么样的阻碍？

方法四

如何避免自大和自我中心，并且变得更谦卑、愿意服务他人呢？写下三种可行的方法。

方法五

下列问题是为了找出你在生活中的盲点所设计出的。把你的答案写在另一张纸上。

你已经赋予权力给同事和员工了吗？如果是，你是怎么做到的？你愿不愿意和他们分享更大的权力呢？

你已经赋予权力给伴侣了吗？如果是，你是怎么做到的？你愿不愿意和伴侣分享更大的权力呢？

你已经赋予权力给孩子了吗？如果是，你是怎么做到的？你愿不愿意和他们分享更大的权力呢？

你能通过哪些实际的日常行为“传球”给生活中的其他人呢？

假使你像拳击手或溜冰选手那样只身一人，你认为自己最珍贵的资产是什么？最不利于自己的因素又是什么？把两者都写下来并解释原因。

准则 16

我们无法阻止令人痛苦的事情发生

在混乱中找到平静

去年，在我的帮助下，一对丧女的夫妻做出了人生中最艰难的决定。他们 15 岁的女儿惨遭谋杀，嫌犯承认犯下强暴罪和谋杀罪；法医搜证后也排除其他可能，嫌犯的确就是加害者。

问题是，这名嫌犯还背负着另一项罪名：谋杀一名上学途中的 17 岁女孩。不同的是，在这桩谋杀案中，不但没有任何证据，嫌犯也不认罪。

被告律师提出认罪的交换条件：如果可以不判死刑，改为无期徒刑，嫌犯就愿意对两桩谋杀案都认罪，并且招供出 17 岁女孩谋杀案的细节。

我陪伴的这对夫妻必须做出决定，选择让谋杀他们女儿的犯人接受死刑；或者，放下复仇的冲动，帮助另一个家庭厘清发生在 17 岁女孩身上的悲剧。

这对夫妻做出了比“以牙还牙”更高尚的决定。虽然他们承受着难以衡量的痛苦，最后还是选择了“将心比心”。他们接受认罪的交换条件，谋杀女儿的犯人因此被判了终身监禁。

他们心中还是存在着强烈的情绪，想要看到犯人接受死刑。自己的女儿被夺去了性命，抹杀了未来，他们希望看到正义和惩罚；不过，对于另一个遭受相同梦魇折磨的家庭，他们怀抱着同情心，最后同情心战胜了复仇的冲动。而另一个家庭也终于得到苦苦追寻的答案，就算还是会活在事件的阴影下，至少他们不必再受折磨，苦于永远无法得知真相。至于我协助的这对夫妻，虽然知道必须面对凶手还活着的事实，但最后还是选择让同情心胜出。

许多事情几乎一辈子都看不到结果，而没有结果的事情会让我们感到强烈的不平、懊悔和心痛。我们无法阻止令人痛苦的事情发生，而当下的感受很可能会一直存在。这真是遭透了！而且，以后还是这样！事情不会好转，只会改变；我们唯一能做的，只是选择要不要让痛苦和不平占据内心所有空间。每个人内心其实都藏着一股力量，能通过某种方式让自己奇迹般的从悲剧和灰烬中重生。选择爱与怜悯，放弃怨恨与复仇，才能找回自己的人生。尽管痛苦不会因此消失，但是，让自己重新站稳脚跟，依旧是值得追求的目标。

准备好放手

任何人做出不公不义的行为，都必须负起责任、承担后果。我不是反对这件事，谋杀了两名年轻女孩的犯人，应该要为他犯下的罪行负起责任、接受惩罚。我想说的是，最高层次的负责和复仇并不相干。有时候，死亡是最省事却不是最好的做法；更重要的是，死刑很少为受害者和家属带来预期中的满足和宽慰。我可以如此断言，是因为我曾经陪伴着许多家人遭谋杀的受害者家属，经历了从审判前、审判中、一直到判决出炉的整个过程；而经验告诉我，他们并不会因为犯人被判了死刑而获得解脱。

暴力事件让受害者家属丧失了挚爱，在悲痛的情绪中挣扎，花费大量的时间和精力，试图建立起合理的解释，也试图与无法改变的现实达成和解。当检察官忙着收集证据以便在法庭上立案时，受害者家属也忙着在脑中拼凑出整件事的逻辑。他们告诉自己，只要谋杀犯或强暴犯死了，他们就会轻松许多；而且，他们也误以为，因失去所承受的痛苦会因此减轻。

不过，受害者家属几乎每一回都失望了。的确，犯人或许被判了死刑或终身监禁，不再有未来；但是，任何程度的惩罚都无法让死去的儿女回到家人身边，受害者家属需要的和解是法律程序无法提供的。

尽责的警察、检察官、法官和陪审团不屈不挠地为受害者找回正义，有时甚至不惜拿自己的生命去冒险，他们的精神值得敬佩；可是，不公不义的暴力犯罪永远不可能完全化解或达成和解。假使你的另一半被谋杀了，就算看到杀人犯被判了刑，也改变不了爱人再也无法陪在身旁的事实。判决或许可以改变你对事件的感受，让你找回正义，但是，你还是很有可能会一辈子活在失去的痛苦中。

心灵小径：没有秘诀，没有捷径

想要治愈伤口，没有隐藏的条件。伤口就是伤口，我们唯一能做的只有深呼吸，祈祷明天会更好。或者，我们也可以想办法达成更高层次的和解。

有些犯罪受害者很难接受长期存在的创伤和失去，累积到一定程度后，会开始感到恼怒：“我到底出了什么问题？为什么无法从事件中恢复？”然而，事实就是，有些事情永远都克服不了，而且复仇也不是解药。不论杀害孩童的凶手承受多大的痛苦，死去的孩子也无法活过来。

人生是一场混战，就算在这场混战中奋力征讨，也不见得能取得什么成果。事实上，我们还必须先承认这场可怕、险恶又残忍的混战真的存在；唯有如此，才能开始聚积克服的力量和勇气。同样地，唯有让自己充分体会内心的感受，不去隐藏、否认、拒绝、催促或逃避，才能真正解脱，找到力量，达到趋近平静安详的状态。

做出选择

遭遇挫折或失去时，身边的人会自动开始替你盘算该如何克服困境，你会收到各式各样的建议，每个人似乎都有他们自己的“洞见”或“合理解释”。珍娜过世后，有人告诉我：“如果你的女儿没死，你也不会创立珍娜·德鲁克中心，之后的这一切也不可能会发生。想想你帮助了多少人吧！这是多大的恩典！”

的确，珍娜·德鲁克中心影响了许多人的生活。我没有让悲痛成为生活的重心，而是把我对女儿的爱投注到珍娜·德鲁克中心。我选择用这样的方式纪念她，以她的名义行善，完成她原本的心愿，帮助年轻女性成为明日的领导者。不过，当我听到有人将珍娜惨死的悲剧、如此轻描淡写地画下美化过后的句点，心中的愤怒其实难以言喻。试图用我做的善事来解释珍娜的死亡，就像是在吊唁卡上不得体地写下：“命运多奇妙！”不好意思，我无法接受。不过，后来我也慢慢理解到，这种想法其实是对方善意的尝试，试图把悲剧合理化，也试图维持他们眼中的世界秩序。可惜，这个世界并不存在着秩序，而是一团混乱。

任何好事都无法解释珍娜的死。不论珍娜·德鲁克中心能完成多少善事，如果可以交换和珍娜相处的片刻，我愿意立刻全部放弃。

在真实准则中，没有哪一条指出人生存在着秩序。事实上，真实准则第 16 条刚好是完全相反的看法。“人生是一场混战”，不论你多么努力尝试，这场混乱都不是你能抑制、美化或是画下句点的。

你能做的，只是接受人生就是如此；而且，在这种情况下，做出最好的决定。试着在遭遇挫折后，奋力找回自己的人生，慢慢地将悲痛转化为爱。前面提到的那对失去女儿的夫妇，他们为另一个受害者家庭所做的事，展现了高贵的精神。他们明白，这个决定无法救回女儿（实际上做什么都无法让死人复活），却还是做出了无私的选择，升华了复仇，在一片黑暗中绽放出耀眼的光芒。

我们无法弥补失去，也无法将悲剧倒带，但还是可以通过接下来的人生展现大爱，以纪念失去的挚爱。我们有能力支撑自己，接受他人的支持，度过艰难的日子；就算即将迎来人生中最黑暗混乱的时刻，我们还是可以选择一条光明的道路。

整理你的思绪

人生是一场混战，我们的任务是要聚积足够的力量、勇气与智慧，在混乱中找到平静。

■ 方法一

试问自己以下几个问题，写下你的答案：

在你的人生中，有哪些混乱是你过去或现在必须努力克服的？

这些经验如何让你变得更强壮（就算你曾经为之心碎）？

在那些过程中，你学到了哪些人生经验？

还有哪些方法可以帮助你面对失去和伤痛，让内心更平静？

在你的生命中，是不是也有其他人面临类似的挣扎，需要你的协助与支持？

■ 方法二

要如何才能将人生中的失去和伤痛转化为爱的表现呢？

■ 方法三

为了弥补失去、失败或挫折，你会带着复仇的念头吗？或者为此惩罚自己和他人？

方法四

有些人会在厕所镜子上贴上小纸条，写些打气的诗句或提醒，像是："一次一小步""愈挫愈勇"，帮助自己在黑暗中找到光亮。你是不是也能想到一些句子？把它们写下来贴到镜子上吧！

准则 17

交朋友，自己要先有朋友的样子

经营亲密关系与人际联结

在第八条真实准则中，我们学到：倾听就是爱。可是，我们自身被了解的需求呢？若是有一个人在一旁见证我们的人生，其中的价值何在呢？

如果配偶、父母或好友能不带批判地陪伴自己走过人生旅程，不论对谁而言，都可说是生命中最大的恩典之一，因为其中所需的亲密连结稀有且珍贵，价值高得无法估计。

可惜的是，寻找并建立起如此亲密的关系，并不是一件容易的事，尤其要建立亲密的友谊更是困难。每个人在一生中认识的人不下数千，但是真正深交成为朋友、知己和伙伴，能坦诚相见的，一只手都数得出来。这些人绝对可以称为“魔法师”，是“心的魔法师”。

相信我，我是过来人。

好几年前，我就认识了非常与众不同的罗伯，他住在洛杉矶，是一名心理医生。他的客户不乏好莱坞明星，而且不只是明星，还是超级巨星。在奥斯卡颁奖典礼上，许多明星都对罗伯表达感谢，只是没有人知道这些奥斯卡赢家是在感谢自己的心理医生。除了拥有吸引名人客户的魅力之外，罗伯本身就是一个非常少见且特别的人。

我成年后的时间几乎都在心理学界打滚，每天都能收到许多温暖的电子邮件、电话和卡片。寄信或打电话来的人，多是想感谢我在他们和家属身上所花的时间，陪伴他们度过灾难发生后那段不知所措的时期。当我回头审视珍娜过世后到现在的15 年，我自问："我的生命线又是谁呢?"而我想到的就是罗伯。

罗伯是个重视事实真相的人，遵循着真实准则而活。他和别人对谈时，总是追根究底，直捣问题核心，在这方面毫不却步。提到"勇气"时，我们很少会联想到，一个人在一般对谈中开诚布公和自在的程度，或是愿意展露出多少真实情绪，但其实那也是一种勇气。人们在对谈中经常遭受各种限制，包括低品质的倾听、主观的评论、分心、不关心，或是避而不谈某件彼此心知肚明的事情，等等。这些因素都会让人紧闭心扉，无法敞开心房。

罗伯从不来这一套，他不喜欢有所保留，他要的是有深度又完整的友情，否则就拉倒。对他来说，有深度的友谊代表百分之百的坦诚；而在过去 20 年中，我和罗伯之间有幸拥有的，就是如此坦白的友谊。

珍娜过世时，我们全家人有幸从许多朋友身上获得爱与支持。我永远记得并感激这些朋友的慷慨付出，他们给予的是我未曾体验过的大爱。我们的家人朋友就像是搬进来和我们同住，帮我们打理各项事务，包括将珍娜的遗体从印度运回，还有丧葬礼仪的细节，等等。等到葬礼结束后，记者也从家门口散去，朋友们纷纷回到自己的生活轨道，我内心受到的惊吓震撼才慢慢褪去，现实也才慢慢沁入意识：珍娜永远不会回家了。在那段黑暗的日子里，罗伯是我唯一可以寻求帮助的人。有时候，我感受到的悲痛太过强烈，甚至觉得自己就要死去或发狂。这时，我会用最后一丝力气拿起话筒，拨电话给罗伯，对他说："我现在如同自由落体，疯狂向下坠，已经濒临发疯边缘，需要有人听我说话。"罗伯就会在电话另一头倾听，并且见证我的痛苦。

有时候，他无话可说、沉默不语，但我知道他一直在那儿。偶尔，他也会陪我哭泣，其他时候就只是坐在那里等我哭完。我对他的信任没有上限，在他面前，我可以畅谈心底最深的恐惧，以及内心破碎的程度。我可以吐露出最深的绝望，说出任何事，罗伯也绝不会退缩。他就一直在那儿，释放出善意，持续地接纳和了解。

罗伯不仅在场见证我的痛苦，还会鼓励我挖掘内心深处的感受。他的语气中从未透露出不耐烦，也绝不会说出下面这些话：“时间到了啦!”“别说了！听了不舒服。”“你希望我有什么反应?”相反地，他经常提醒我：“你现在的感受都是正常的!”如果只能用一个概念总结罗伯教会我的课程，我想，那就是“自我接纳”的力量和勇气。

心灵小径：友谊如家

鸟儿筑巢；蜘蛛织网；众人寻友。

——英国诗人布莱克（William Blake）

并不是所有人都能幸运结交到亲密好友，但是，每个人的确都应该有这样的好友。假使我们不曾敞开心胸，经营至少一段真实、深度且亲密的友谊，那我们可以说这一生都是在自欺欺人。

如何产生深度的友谊

想要跟我和罗伯一样，发展并经营真实的友谊，首先必须确定自己有没有尽到当好朋友的责任。我们希望在其他人身上看到的特质，必须先通过自己体现出来，包括诚实、善良、理解和信任等。不凡的友谊通常出现在以下两种情况：遭遇重大危机或是机缘成熟时。

危机发生时，有些“朋友”会人间蒸发，有些却会付出超乎想象的关怀——我称后者为“天使”。很多时候，我们不知道自己拥有如此深厚坚定的友谊，总是在发生悲剧后，才突然发现身边这些好朋友。他们伸出援手时，不带任何条件，也没有任何计划，更不要求任何回报。真正的朋友出现在我们最需要帮助的时候，无私地付出，倾听、理解并陪伴我们。

最近，一位丧子的母亲小薇问我：“我要如何感谢所有的朋友呢？我儿子过世之后，他们每天都陪在我身边，支持我和我的家人。他们照顾到所有的细节，简直就是我的专属天使！”

我建议她：“何不以他们的名义举办一场天使派对呢？”

于是，小薇邀请了25位“天使”到她家，举办了一场美好的晚宴，还赠送每位客人一份礼物，以此表示她有多么看重朋友们的支持与帮忙。同年稍晚，小薇和丈夫麦克发起了一场募款餐会，两人参加的太平洋健身中心（PAC）提供了优美的场地。那一场“PAC的天使”募款餐会，以他们过世的儿子艾力克斯的名义，为珍娜·德鲁克中心的“家庭互助计划”募到了五万美元，真正实现了把爱传出去的真谛！这对夫妇不仅慎重表达了他们对天使们的感谢，自己也化身为天使，通过珍娜·德鲁克中心帮助其他许多家庭。

不过，不一定非要等到危机出现，才能找到生命中的天使；机缘成熟时，我们的天使也会出现。好几年前，一位在唱片公司担任主管的好友，介绍我认识了一名年轻歌手兼词曲创作人：珠儿（Jewel）。珠儿和她的经纪人母亲刚成立了非营利组织，正积极寻求意见与协助。当时珠儿的歌曲第一次登上排行榜前十名，她本人还登上《时代》杂志的封面，母女俩可说正平步青云。随着时间流逝，我和这对母女成为知己，她们也成了珍娜·德鲁克中心的热情支助者，甚至曾经举办慈善演唱会和母女工作坊，协助中心募款。当我们需要帮手时，珠儿和她的母亲更会成为中心的“值日天使”。

心灵小径：人生的灿烂千阳

美国第三任总统杰弗逊曾说：“友谊的珍贵，不只在阴影下显现，也在人生的灿烂千阳下闪耀。”真正的朋友不只是在逆境中让你倚靠的肩膀，也是能在顺境中与你击掌庆祝的人。

一帆风顺时，我们也需要天使，因为天使会为朋友的成功欢呼，会感到欣喜，却从不心生嫉妒，他们会赞赏并肯定朋友取得成就的努力过程。天使会和朋友一同庆祝、欢天喜地，就像是自己获得了胜利。就某方面来说，其实也没错，因为天使真心分享朋友的喜悦，所以朋友的成功就是他们的成功。

真正的朋友会出现在各种不同的人生十字路口，遇上的可能是一场重大的悲剧，也可能是一场光辉的胜利。

或许你会说：“肯，我很高兴你有个亲密好友，但是我的好朋友最近和我太太私奔了，现在我实在不知道还能信任谁。”有些人曾经被亲近的朋友伤害、背叛或侮辱过，或许需要时间和新的能量来源，才能再度关怀和信任他人。无论如何，这是个我们终究要冒的风险。有些人似乎一个人也能活得很好，但事实是，一个人无法满足自己所有的需求。不论你喜不喜欢，人都是社交的动物，需要朋友的陪伴；迟早有一天，我们必须走出自己的小圈圈。

许多文化要求我们（尤其是男人）学会完全的独立，不惜一切代价，只能依靠自己，也难怪“帮我”这两个字很少出现在男性用语中。但实际上，“我需要你帮忙”这句话说出口之后，接下来的沟通效率会高很多，能产生的力量也大得多。所以，男人们实在不必再害怕自己会显得软弱或成为负担，因而不敢开口求救！

我能成功摆脱“靠自己”的迷思，还能拥有罗伯这位值得信赖且愿意提供协助的好友，实在是双重的恩典。我遇过许多丧失子女的父亲，在加入珍娜·德鲁克中心的“父亲互助会”之前，没有任何朋友可以谈心，而且类似的个案多达上百件。中心也会举办“化危机为转机工作坊”，其中很重要的目的，就是教导学员如何怀抱感恩的心，接受帮助。学会接受帮助，其实也是面对现实的一部分。

珍娜过世几年之后，罗伯生病了，需要进行肾脏移植手术。罗伯的哥哥站了出来，捐出自己的一颗肾脏。之后数年，罗伯一直与死神缠斗，而我尽我所能像他当初陪伴我那样陪伴他。令人感动的是，现在的他有了起色，甚至遇见一个能欣赏他一生志业、与他共度每一天的好女人。罗伯就像我的亲兄弟，我们之间的友情是我人生中最大的收获。

希望你也能在人生旅途中怀着感恩的心，找出属于你的“心的魔术师”。

整理你的思绪

真正的好友不是每天都能遇到的，这也是为什么我们应该维持过去几年建立的友谊。想象自己是在友谊银行里存钱，存得越多，需要时能提领出来的钱也就愈多。爱默生曾经说过：“想要交到朋友的唯一方式，就是自己先有朋友的样子。”

方法一

你有没有尽到好朋友应尽的责任呢？什么是好朋友应尽的责任呢？

方法二

从下面选项中选出至少一项来实行，表达你对朋友的感谢：

举办一场“天使派对”，感谢所有曾经陪伴、支持你的人。

请亲密好友吃一顿大餐，让他知道你很珍惜两人的友谊。

如果某位朋友的友谊对你而言意义重大，那就多花点时间在亲密的对谈上。

写封信给朋友，信中列举五项让你喜欢、尊敬或崇拜他的事，或是写下你对他心怀感激的原因。

发现朋友身陷困境、分身乏术时，主动伸出你的援手，帮忙打理一顿饭，或是帮忙带小孩。

准则 18

人们尊敬你的坚强，却爱你的脆弱

不再因情绪波动而自责

几个月前，我参加了珍娜·德鲁克中心举办的“年度女青年领袖精神会议”。我事先并不知道，活动总监黎安和底下的工作人员为我准备了一场惊喜：悼念珍娜过世 15 周年的追思会。

3 月 27 日当天，他们播出满是珍娜美丽身影的短片；珍娜活力充沛的样子，以及她的微笑，总是美得让我屏息。才华洋溢且充满爱心的创作歌手史蒂芬妮（Stephanie Johnson）还上台演唱，唱的是她为追思会特别创作的歌曲。最后，在场的四百名女孩都把写给珍娜的悄悄话绑在气球上，一起释放到蓝天上。就在他们放手让气球高飞的那一刻，我的另一个女儿史黛菲（她自愿在中心的“家庭互助计划”和“领袖计划”帮忙）将手轻轻放在我肩上，我的泪水滑落了。

为了帮助遭遇重大损失、悲痛万分的人，我必须经常保持坚强的形象；但是，在那一刻，我得以感受自己因失去而经历的深刻悲伤。

跟大多数成年男性一样，在成长过程中，我也被灌输了这样的概念：不能流露出情绪（除了愤怒之外），否则就不像个男人，男子气概大扣分。与我同辈的许多男性朋友，都是带着这样的观念长大的，压抑情绪简直可说是男人的基本训练。

当时的父亲和祖父会教导家中的男孩要“坚强”“保持镇定”，“发泄情绪”则是极度丢脸的事情，更是软弱的象征。所以，男孩子都相信，真正的男人不可能情绪崩溃，真正的男人也从来不会掉眼泪，因为男儿有泪不轻弹。

可是实际上，我们当时接受的男人教育，或者说成人教育，非常不现实且受局限。

我身为男人、身为精神导师的终身目标之一，就是希望自己能放下心防，发泄出内心的情绪，想哭的时候让眼泪自然落下，也不会因此自贬为缺乏男子气概或软弱。“如何自在且自信地做自己”，就是我的第一本书《男人不愿说的秘密》的主题之一，与心理健康相关。我们希望做到的，是找回自己的原始面貌与真实自我，而不是抹灭自我。不过，人们经常太过恐惧，害怕遭到批判和耻笑，害怕失去控制与威严。因此，就算在今日社会中，展露真实情绪依旧是说比做容易。

心灵小径：败者为王

英文里的“losing”（发泄或失败），几乎总是带着负面的意思。例如我们会说“losing our jobs”（失去工作）、“losing our cool”（失去镇定）。没人想被贴上“loser”（失败者）的标签。但是，“losing”最早的拉丁文字根，其实是“luere”，意思是补偿或修复（to atone for）；而它的名词“atonement”，在中古英文中更带有“达成和解、获得平静”的涵义。有时候，只有通过发泄或失败，才能找到内心的力量，克服生命中的失去与失望，获得平静。

在整场纪念活动中，我都试着保持镇定。为了参加会议的四百名女孩儿、所有的工作人员，以及以珍娜之名创办的这个基金会，我想要保持坚强的形象。但是，当史黛菲将手放到我肩上时，我终于放下了心防，允许自己想念珍娜。

我原本想：“我不能在这些女孩儿面前崩溃，这会让她们感到沮丧。”但是就在眼泪滑落的那一秒，我突然意识到：“我没有崩溃，我解脱了！从失去珍娜的悲伤，以及我对两个女儿的爱中，我找到了力量。”所以，我选择让眼泪继续滑下脸庞。

在那一刻，我重新获得了自由，终于得以自在地表现出我对珍娜的爱与思念，这真要特别感谢史黛菲当时的陪伴。我落下的眼泪非但没有惊吓到女孩儿们，反而激起她们的同情心。几秒钟后，除了史黛菲的手，我肩上又多了十来只女孩儿的手。女孩儿们一个个上前拍拍我的肩膀，给我一个大拥抱。她们当中许多人的生命中，并没有父亲这号人物，而通过与我的连结，或许她们也头一次感受到类似父女的情感。

那一刻，气球缓缓飞上无云的蓝天，父女间的关爱之情沁入我心。真实准则第 18 条是：有时候，我们以为自己濒临崩溃，实际上却是正要找到长久以来追寻的答案。

男儿有泪不轻弹?

男人真不容易，就算外表装出强悍、不为所动的样子，也不代表内心就不会深深受伤。

男人跟任何人一样，也会遇上悲剧和失去，差别在于面对和处理的方式。男人丢了工作或是失去挚爱，都会假装没事。悲哀的是，男人的这个习惯多少世纪以来都没有改变，就像女人总是以外在的美貌来衡量自身价值。男人之所以强忍眼泪，是因为担心哭泣会让自己显得软弱；然而，不论是否成功吞下眼泪，男人的内心都一样在哭泣。没错，身为男人，不得不学会如何在内心哭泣；不让人看见的沉默哭泣，对男人来说已是家常便饭。这是男人依旧藏在心底的秘密之一：表面上看起来淡漠无情绪，实际上内心却极为敏感。这一切都只是因为男人一直被教导要隐藏“柔软”的一面。

我们到底在怕什么？事实上，我们害怕的有几件事。第一，我们内心挣扎着，害怕会遭到批判。第二，我们害怕丢脸，或失去在他人心中的地位，这就是费德曼所说的“地位焦虑”。身为男人，努力工作就是为了获得地位，以及别人的尊敬；而且，为了达成目的，经常必须遵循自身文化中对男子汉的定义。在西方文化中，群众追捧的是坚强又强悍的男人，例如西部牛仔的形象，或是电影中的超级英雄。这些男性角色总是赢得所有的荣耀（和美丽的女人），就像是在说：只有真正的男子汉，才能赢得尊敬和崇拜；而“真正的男子汉”是指坚强的男人，绝对不是爱哭的男人。

还记得电影《梦幻成真》（Field of Dreams）里父子俩传接球的情景吗？那一幕总是能让男人产生强烈的感受，我当然也不例外。看到小男孩与父亲玩在一起的场景，让我们回想起自己的童年，以及当时期盼能拥有的理想父亲。

你可以找任何一位男性谈话，询问他与父亲之间的关系如何。如果他对你、对自己都够诚实，很可能会热泪盈眶。近十年来，我到世界各地举办“男人解放工作坊”，对每一个参加工作坊的男性都提出这个问题。35 名男性学员会先分成小组进行，每一个人都要向小组分享自己和父亲的故事。不论我到哪里，不论我眼前的是高阶主管，还是一群来自澳洲雪梨的跑趴客，每个男性在描述自己的父子关系时，眼中都会泛起泪光。

大多数人都表示，自己的父亲不仅无法在情感上给予支持，甚至连人都很少出现。他们坦承，自己一辈子都悄悄渴望着父亲的关爱与肯定（或者，是来自教练或上司等“代理父亲”的肯定）。有时，也会遇到父子关系良好的参与者，他们的父亲是所有人都渴望拥有的模范父亲，教导他们身为“人”、而不只是“男人”的真正意义，为他们的一生定了调。不论是谈论完美或不完美的父亲，这些成年男子眼中都会涌出泪水。后者为迷失的父亲们感到悲伤，也为身为儿子的自己感到悲伤。他们之所以哭泣，是因为想起小男孩在现实生活中缺少有血有肉的父亲作为男人的榜样，只好转向约翰·韦恩、米奇·曼托、麦可·乔登、007 这样的名人或虚构人物，在他们身上寻找榜样。

心灵小径：男人中的男人

尽管性别角色已经在改变，然而，对于所谓“男子气概”的要求却还是普遍存在。虽然传统上“男人中的男人”大多无伤大雅，甚至令人崇拜；不过，在一段关系中，如果男人无法自在地流露感情，最终都会因此受苦；同时，他们的伴侣、孩子、同事和朋友也会跟着受苦。

为了快点长大成“男人”，渴望得到关爱与肯定的小男孩被抹杀了，只剩下眼前的目标：当个男子汉。从过去到现在，我们这个社会都不允许男人脆弱，所有的男性都被鼓励忘掉内心的小男孩，将他深深埋进心灵深处，因为他是个威胁。小男孩会害男人出糗，暴露出男人柔软、容易受伤的一面，还会害我们的男子汉气概被扣分。出于同样的理由，男孩害怕被贴上“妈宝”的标签，进入青春期之后就开始疏远母亲。从某个方面来说，男人是“地位焦虑”的受害者。

但是，男人内心的小男孩不会就此消失，只是我们看不到他而已。男人通过行为举止夸张地强调自己的男性化，营造出“长大成人”的样子，假装一切都在控制之下。许多人从未学会一个道理：流露出人性化的一面并没有错。每个人心中都有着依然幼稚的部分（我刻意选择了“幼稚”这个字眼），在我们最没有心理准备的时候，会忽然出现吓自己一大跳。例如，正在电影院看电影时，正在念书给孩子听的时候，或者在一场葬礼或婚礼上，情绪忽然涌上心头、泛滥成灾；直到无法视而不见，男人就无法再否认内心的感受。

当这种情况发生时，男人总是试图快速地隐藏内心的情绪，就算心中涌现的是最真切的爱，也会被掩饰过去。大家可以回想 1970 年代的经典电影《火爆浪子》（Grease），还记得电影里的男主角丹尼吗？担任老大的丹尼九死一生地逃过死劫时，他的知己兄弟们短暂忘却男子汉形象的包袱，开心地互相拥抱；但是下一秒，他们却又赶紧拿出梳子来梳好发型，继续装酷。我们不小心做出的反射动作，展现出内心幼稚、容易受伤的一面。我们表现出真正的关怀，结果却不得不掩饰它。

1980 年代，我就这个主题写了一本书，还环游世界各地接受电视和广播电台访问，并举办工作坊、担任演讲者，讨论男人不愿说的秘密。当时我见到的世界和 1970 年代电影里上演的情况依旧相同。有些观念深深根植社会人心，改变若不是极为缓慢，就是完全不存在。

不过，其实男人不必如此。身为男人的你，若是愿意了解自己幼稚、未知的那一面，拥抱自我，就能获得自由。真男人有泪，男人哭泣没有罪，男儿泪最是珍贵。

哭泣的时候，脑中会分泌脑内啡，体内充满这种化学物质，人们会因此感到心情愉快，情绪也能得到平衡。吐气也有相同的效果，这也是为何做瑜伽时，瑜伽老师会教学生吸气然后吐气，发出震动的声音，听起来就像单音的“嗡”。这么做也能让身体和头脑都放松平静下来。

哭泣并非永远都是最好的选择，也绝不是唯一的选择。并不是每个场合都适合哭泣，我们也不能总是直接将情绪发泄出来——我可不希望飞机驾驶员开飞机时、或是医生在帮我动脑部手术时情绪崩溃。我只是想说：哭泣没有错。在对的时间、对的地点，自在表现出悲痛或爱意会让人感到无上自由。不必感到羞耻和抱歉，更不需为自己辩护，因为这是人性最有力且实在的证明，证明你是有血有肉的人。英文有句俗话是："人们尊敬你的坚强，爱的却是你的脆弱。"

当我们卸下心防、探寻人性核心的时候，内心并不会因此崩溃，反而是得到解放。就算这一部分自我已禁锢在内心深处多年，但只要松开枷锁，还是能获得释放。当我们变得更真实、更开放之后，身边有些人或许会感到不自在，甚至开始产生批评的声音；但是，他们同时也终于接触到真实的你，反而因此拉近了关系。只要不再摆架子、装样子，或是不再谴责自己不够男人、不够女人，我们就会获得释放。

解放后获得的自由，是这本书中一再出现的主题。这份自由可以让我们与自我、与人生、与他人之间的连结，变得更深刻、更有意义且充实。坚持真实的自我，能够带出自己与周围人们最好的一面。

整理你的思绪

不要谴责自己的情绪波动，对疗愈过程来说，情绪有着极其重要的意义。当你感到悲伤、绝望或恐惧时，记得提醒自己：

哭泣、流露出真实的情绪，并不是什么罪大恶极的事。

展现出容易受伤的一面，说出自己的真实感受，并非软弱的表现。

“崩溃”也没有关系，你不会真的失去什么，反而会找到有益健康的情绪出口，发泄内心积郁。

方法一

为自己做个自我评量。从 1 分到 10 分，若是 1 代表“可以自由地感受情绪”，10 代表“封闭情绪”，你能得到几分？

方法二

你处理自身情绪的方式，是否存在着风险呢？想一想在哪些时候，其实你是在隐藏、否认或压抑自己的情绪？描述当时的情况，在每一段描述后方加上并完成下列两个句子：“如果我分享内心的感受，我冒的风险是____。”“如果我不分享内心的感受，我冒的风险是________________________。”

方法三

评估自己处理情绪的方式有什么益处？又有什么害处？

方法四

在你所处的文化中，大众是否偏向较能接受某些特定情绪？

准则 19

自己有底线，也尊重他人的底线

为自己说话，为他人发声

我有一位担任心理医师的好朋友，他最近和一位事业有成的出庭律师结婚了，两人都是梅开二度。当我问起两人的相处情况时，他告诉我："我们经常吵架，但其实还蛮好笑的。她吵架的时候，就像个律师；我吵架的时候，就是个心理医师！"

他太太在争执中依旧保有律师本色，言辞犀利，反对立场鲜明，会很清楚地画出底线；相反地，我朋友在意的，则是分享感受与维持和平，基本上就是个好好先生。他内心最根本的假设是：只要大家都能和善待人，所有的事情就都能解决。

可惜，最近他发现并非总是如此。有时候，待人和善并不能解决问题，为自己设下底线才是明智之举，因为人生的挑战迟早会迫使我们为自己的信念发声。我那位朋友需要学习的，就是如何设下底线。他明白这个道理之后，坚定自己的立场，夫妻俩的相处情况马上“奇迹似地”开始好转。他们开始互相尊重，对彼此沟通及解决事情的能力多了一份信心，也更清楚对方内心的真实感受。两人将真心话全部说出来后，原本紧张的关系慢慢解除，最初相遇时感受到的火花又开始燃烧。

每个人心底都住着一位斗士，勇猛强壮，而且知道如何设下底线。这一部分的自我，思路清晰、强壮有力、勇猛无惧且目标明确，但同时却能保持平静。斗士不会把“意见不合”升级成“争吵”或“暴力”，因为他不是恶霸。

珍娜出事时，背包里放了丹·米尔曼（Dan Millman）的代表作《深夜加油站遇见苏格拉底》。从珍娜用贴纸做出的记号看来，她当时阅读的页面，说的正是每个人心底居住的那位平静斗士。当我们遇到关键时刻、需要大量勇气时，就会呼唤内心的斗士。

心灵小径：强壮的内心

内心强壮的人知道自己的底线，也尊重他人的底线。他们愿意不惜一切代价与他人对谈，但是绝不会诉诸恐吓、侮辱或权力的角力。他们为自己说话，为他人发声，也会为了维护一段关系而站出来。

每个人都有过一不小心沦为他人奴隶的经验，可能是在爱情里，也可能是在职场上。或许是因为我们没有意识到自己被当成狗使唤，也或许是因为挺身而出的风险太大，所以最后宁愿选择隐藏自身立场。不想惹麻烦的人，像鸵鸟一样把头埋到沙堆里，不惜一切想要维持和平，却因此付出极大的代价，承受不必要也不值得的苦难，甚至虐待。

让步并没有错，愿意牺牲自我经常是一段关系成功的关键；但是，当我们开始虐待自己、或是容忍他人加诸的暴行时，其实是在拿自己和所爱之人的幸福在冒险。不过，要凝聚足够的力量来改变现况，坚定画下不容置疑的底线，并不是一件容易的事。

设下底线之后，需要承担可能发生的后果。或许你会无法全身而退，也或许会掀起极大的波澜，甚至可能危及一段关系，破坏了原本的平静；但是，拥有强壮内心的人，还是会为自己站出来，坚持重要的事。每个人都会面临需要做出重要抉择的时刻，而一个人的性格与人品将会在这个时刻显现出来。

每一段认真经营的关系都会经历这样的关键时刻，夫妻俩必须决定愿不愿意做出承诺，保证婚姻美满。例如，其中一方同意不再花钱如流水，不再与人打情骂俏，或者答应辞掉一份不理想的工作。其他关系也是一样，例如，当了一辈子工作狂的父亲甘心减少工作时间，陪伴需要特别照护的儿子；担任高级主管的母亲将注意力从工作上转开，因为她的家庭和健康都已亮起红灯。

我的邻居有一位青春期的儿子，他有严重的嗑药问题。虽然他知道儿子这样是在玩火，但多年来都刻意忽视这个问题。终于有一天，他的孩子开车载着一整车厢没有处方笺的药物，因而遭到逮捕，他终于不得不接受父子俩面临的严重问题。这位父亲过去总是否认问题存在，发生逮捕事件后，这样的心态遭受严重冲击；然而，想要迎头面对儿子嗑药的问题，需要极大的勇气、坚定的承诺与强壮的内心，他会不会最后还是选择把头埋回沙堆中呢？幸好没有。父子俩走完所有的法律程序之后，他积极帮孩子寻求援助，让他加入医疗机构，参加 30 天的疗程。疗程中举办“家庭周”的时候，这位父亲也全心投入，帮助儿子走出困境。

在这些关键时刻，我们必须打破自己先前的局限，不再否认和逃避，才能走出恐惧的阴影。首先，要承认自己过去的容忍造成了现在的危机，然后让自己投入战场。如此，我们才能开始面对挑战，并且做出改变。

这个时候，我们成了自己的英雄。放弃所有的借口和屁话吧！不要再试图合理化或正当化问题的存在，还以此说服自己没有采取行动的必要。或许，过去你从未想过要面对问题，从现在开始拿出你的坚强和勇气吧！看清楚自己是否正面临一次抉择？如果是，别再顾左右而言他、狂找借口逃避了。直视镜子里的倒影，或许你会发现，内心一直在等待的英雄就是自己。

真正的奇迹

遇到人生困境时，我们都会在心里偷偷祈祷，希望奇迹出现，让情况好转。我们渴望改变、期盼改变，甚至向上天祈祷出现改变；但是，这样反而导致过度沉溺于美好想象，推迟了原本有能力采取的行动。有些人生活太过忙碌，无暇思考；有些人沉迷于想象，祈祷奇迹发生。他们都忘了真实准则第 19 条的教诲：别再坐等奇迹发生。

若是等着其他人（爸爸、妈妈、上帝、配偶、医生、上司或牧师）来救你，你可能永远等不到。找回人生秩序、把生活导上正轨，是你自己的责任；要不要为人生带来改变，也是你自己的选择。就算乍看之下毫无转圜余地，你还是可以选择带来改变。

一位非常成功的 CEO 曾经对我说过一句话："看起来不可能改变的情况，只是改变发生的时间较长罢了。"

改变的确会让人心生恐惧。一名两眼淤青的女人在警局制作笔录，警官说："太太，我们需要你提出家暴控告。"女人却回答："但是，我先生其实是个很好的人啊……而且我爱他。"

她不只害怕先生的怒气，更害怕会为自己的家庭带来无法弥补的伤害。因此，尽管她的先生有家暴行为，搞不好还有毒瘾，而且总是带些危险人物回家，让小孩暴露在危险之中，但她更害怕告发先生后可能会产生的变化。她面临两个选择：回去面对相同的情况，祈祷同样的事情不会再发生；或者，她也可以大胆改变，但副作用是为人生（和家庭）带来未知的影响。有一句谚语或许解释了她的姑息心态："明枪易躲，暗箭难防。"若是保持现状，至少她已经知道会发生什么事；若是选择改变，就不得不面对未知。

第一个揭竿而起的人会付出一定的代价，不论要揭发的是家庭暴力、公司的不法勾当，还是自己骗自己的屁话，揭开真相都会粉碎原本的世界，一定要有足够的信心才有可能这么做。其实，一旦决定挺身而出面对糟糕的情况，告诉自己："我受够了！"就已经在为更好的未来铺路。

当我们需要在人生中做出改变时，经常会经历一段酝酿期。所有大胆的行动，像是离婚、换工作、戒酒、减肥或是结束一段受虐关系，都需要投入大量的时间与精力；你将会慢慢脱离过去的生活，重新组织新生活的每一部分。这一段让情况平稳下来的时期会费时几个星期、几个月，甚至几年都有可能，但没有关系，让这些改变慢慢来，用每个人各自独特的方式进行。就像我重复对自己说了好多遍的（因为这句话值得反复强调）：每个人都"还在学习"。我们一定要相信，在未来某一天，为了改变而付出的努力和承诺，都会以某种方式回报我们。

如果你正在考虑做出重大改变，底下有几个你可以采取的步骤。首先，在脑中描绘出自己希望得到的结果（也就是改变发生后，你的感受和整个情况会是如何），这将会是你的定心丸。我的作家好友、“精神企业家”亚萨拉夫（John Assaraf）教导大家制作“梦想拼图”：从杂志上剪下图片、文字，或是自行绘画，使用任何能描绘你未来梦想的东西，拼出一幅图画。制作梦想拼图能帮你具象化未来愿景，接下来就是要对自己保持足够的信心，有一天你将会肯定地对自己说：“我能做到！”

第二个步骤，则是要对自己诚实，正视事情的真相。看清自己所处的位置，了解自己为何处在这个位置；看清过去所有的缺点、延宕和借口，从现在开始，接受已然发生的事实并负起责任。承认内心的恐惧、不安和自我防卫心理，找出是哪一样一直在拖后腿，让你无法到达目的地，并且向自己自首：“这些都是我自作自受！”

第三个步骤，就是要对自己抱持足够的善意与宽容。不要因为过去而折磨自己，而是要真正了解，为什么直到目前为止，自己的生活方式、求生方式和理解世界的方式会是这样。告诉自己当时已经尽力了，今天又是全新的开始。坚定自己的信心，相信自己有能力随着时间而改变。要向自己坦承：“一直以来，我所做的事并没有带来我期望和应得的结果。”举例来说，或许你过去经常扮演受害者的角色，现在就该对自己诚实："受害者心态曾经帮助我度过几次难关，但现在已经不管用了。"

第四个步骤，是将你的计划分成数个关键阶段，这样能帮助你达到目标。列出为了达到目标必须要做的所有事情，据此画出改变的蓝图。此外，也别忘了列出所有可能会出现在过程中的阻碍。

最后，大胆踏出去，行动吧！施行你计划中的第一步。

如此制定出来的计划会带来真正的奇迹，因为你不但正视过去，也负起了责任、定下目标，让自己创造更美好的生活。这时候，别忘了向自己喊话，想想踏上这趟旅程后所能获得的许多美好。

我们需要的是信心，不是恐惧、批判或谴责。信心能帮助我们描绘出更美好的未来，肯定自己在家庭、职场和社群中所能取得的更高成就。有了信心，才有勇气面对挫折，尽其所能改变困境。现在就扫除通往美好未来路上的障碍吧！现在就拿出勇气和信心，行动吧！

组织个人顾问团

有时候，我们很难看清自己是怎么阻碍了自身的发展；毕竟，诚实面对自己还是挺吓人的。

正是因为这个缘故，我总是鼓励接受咨询的客户，组织

“个人顾问团”。一般说来，顾问团的成员应有四到五位，包括你信任的朋友、学识渊博的商业伙伴，以及你的伴侣或配偶，这些都是最亲近、也最了解你的人。协助举办顾问团集会的时候，我会指示所有受邀的参与者提出诚实、直截了当的反馈，让我的客户知道他们在生活中有哪些地方可以做得更好。

心灵小径：个人顾问团

顾问团由四到五个你信任、敬重、同时很了解你的人组成，这样才能达到最大成效。顾问团集会时，应该在一开始就清楚定出规则，包括集会举办方式、期望达到的效果、应该给予的反馈、时间表、保密性、录音纪录、行动计划、参与规定，等等。

当我们面临严峻挑战、准备展开人生新篇章、向前迈进的时候，组织个人顾问团是一项可以考虑的大胆方法。仔细挑选出真心关怀自己的朋友和顾问，让他们帮助自己面对长久以来（或是未来可能会）扯后腿的问题和挑战。

我协助客户举办顾问团集会已经有 25 年经验，期间见识了各式各样的集会主题。有些客户借由集会讨论家族事业的管理问题，有个客户甚至借由集会通知亲友自己大限将至。大家或许很难想象集会成员展现出的亲密程度，以及集会凝聚的力量。顾问们会非常认真倾听我的客户，然后提出自己的看法，我的客户也会因此获益良多；尤其是当顾问团达成最初目的时，影响更是深远。

经历咨询与顾问团集会后，客户们开始将注意力转向生命中真正重要的事物。他们正视阻碍进步的问题，像是个人盲点、以自我为中心的领导方式，以及封闭的思想。在集会强有力的收尾中，他们看清了前进的方向，也明白自己必须做什么，才能达成期望中的目标。

每个人都有能力实现自己对人生的期许，必要时，还可以寻求协助，向前迈进。问题是：为了达成目标，我们付出的够多了吗？

“付出”是指，将自身的价值、热情和爱全部投入。如果三样都做到了，我们就能对着镜子里的自己说：“我真的尽全力了，做了最勇敢的尝试，正视了那些困难，努力争取想要的，打了一场光荣的仗。”

所以，想要遇到意志坚定的男人（或女人）……看看自己在镜子中坚定的眼神吧！实现人生梦想的关键就在自己身上，就在你的眼皮下！深吸一口气，让脑袋清醒清醒，“把心中的恐惧化为向前冲刺的矛头”（借用一位老战友的话），为自己的理想上战场吧！

整理你的思绪

要当自己的英雄，必须先拥有足够的勇气，才能克服困难和挑战，向前迈进。请记得下列五个步骤：

在脑中描绘出期望得到的结果。

看清现状，并且负起必要的责任，但不需感到羞愧或自责。

坦白承认内心的恐惧、不安和自我防卫心理，思索自己为何会处于今日这般境地，检讨过去的生活模式。对自己好一点、宽容一点，不要太过批判自己。设法原谅过去的选择，无论如何，那是帮助你生存至今的生活模式。

坚定信心，做出承诺。寻找更好的方式、订立更好的计划来达成目标，并且将计划分阶段施行。

采取行动，大胆跨出第一步！若是有必要，可以在过程中进行调整。请做好准备，迎接即将发生的改变。

你值得更好的！而你付出的努力也将值回票价！

方法一

你希望自己的顾问团中有哪些人？列出五位。什么样的主题最能帮助你解决困难？什么因素使你迟迟不愿召集顾问团？为什么不找一个周六早上进行顾问团集会，寻求顾问的协助？

方法二

哪些事情可以使你成为自己的英雄？列出三件。

准则 20

个人的力量很小，也很强大

如何保持收与放的平衡

加州有一位著名的跆拳道大师，他是跆拳道界的顶尖高手。他告诉我一个发生在他身上的故事：有一天晚上，他从道场开车回家，路上等红灯的时候，旁边停了一辆载满年轻人的吉普车。这群人看到他是亚洲人，就开始嘲弄他，叫骂出各种羞辱人的字眼。

这位大师是西方跆拳道界的泰斗，假使他真的想置谁于死地，对方八成还来不及反应就已经倒地了，招惹他是非常愚蠢的行为。不过，跆拳道讲求的是自制，所以他没有理会对方的奚落，保持直视正前方，忽视一车年轻人的存在。

绿灯一亮，吉普车的驾驶者重踩油门，加速冲了出去……随即高速撞上前方车辆。

这位大师开车从吉普车旁边驶过，看了他们一眼，简单说了句：“做得好啊！”

有些时候，能控制好力量、拒绝加入斗争，才是力量强大的真正表现。

匿名戒酒会是酒鬼和酒精中毒者的自助组织，能为组织成员带来智慧与力量。戒酒会的基本信念是："我们拥有的力量渺小。"承认自己的弱小，非但不会限制住行动，反而能得到自由。人生中有些事情超出个人能力之外，没有必要非得掌控全局不可。"放手"不代表失败，不是丢脸的事，更不是懦弱的行为；相反地，"放手"是在不可能产生赢家的情况下，拒绝加入战局。

我们有能力创造、再造、定义和规划自己的人生，因为每个人都有无数次的机会，可以改变、革新并实现更好的自我。不过，矛盾的是，我们同时却又弱小无力，不管是面对世界或是面对自己，能做的事都受到很大的局限，而且很难打破这些限制（甚至根本不可能打破）。虽然如此，为了保护自己，维持家人、社群和环境的平稳安康，还是有一些我们能做（也必须做）的事。

真实准则第 20 条告诉我们：每个人的力量都很渺小，也都很强大。这条准则听起来有些奇怪，然而一旦理解之后，心灵就能获得自由。这条准则的关键就在于，如何掌握"赋权于己"的技巧。

表态

洁琪 37 岁，是一位事业有成的人力资源专家，我和她的公司已经合作多年。最近她找我进行个人咨询，想要解决她和先生阿瑞之间的问题。阿瑞是一位成功的科学家，但我后来发现，他也是一位操控他人内心与罪恶感的大师，妻子已经受他摆布好几年了。阿瑞很会玩弄洁琪的心理，也很会利用她的不安与自我怀疑。两人之间的关系几乎快要把洁琪逼疯，甚至让她开始考虑离开阿瑞。

一开始，洁琪不明白自己为何不再爱着阿瑞，甚至想要离开他；但是，在咨询接近尾声的时候，她开始看清阿瑞操纵她的手段，还有自己容忍阿瑞的姑息心理。她察觉到，自己是个容易产生罪恶感的人。咨询结束后，洁琪脑中已规划出全新的游戏规则，她决定和先生好好谈谈两人的情况，并且持续努力降低自己的罪恶感。

一个月后，当我再度和洁琪见面时，她告诉我两人的情况很糟；而且，她已经告诉阿瑞，自己正认真地考虑离婚。可悲的是，阿瑞依旧玩着过去的心理操纵伎俩，这次的目的就是要让洁琪离不开他。随着离婚的可能性变得愈来愈大，阿瑞开始嘲讽并折磨洁琪。阿瑞非常了解，说什么话能让洁琪感到罪恶、自责、害怕与惭愧；说够这些话之后，他就会转而道歉，开始扮好人，表现出“只要你不离开，我连星星都可以摘下来给你”的态度。好消息是，洁琪现在已经看穿了他的伎俩，看透自己只是因姑息而被操控。她决定结束这一切。

家庭是洁琪的生活重心，阿瑞很清楚这一点，因此利用她对家庭的忠心，故意将她的离婚决定说成“背叛”。若是在以前，洁琪大概会尽一切可能息事宁人，不计任何代价回避冲突。好几年来，她都是这么一直顺从着阿瑞的意思，因为她害怕面对阿瑞可能产生的反应。

对洁琪来说，要学会对阿瑞说出下面这段话，简直比登天还难：“你不能再这样做了！不能总是带着恶意指控我，然后回过头来甜言蜜语地道歉，一段时间后又老戏重演。你也不能把婚姻失败怪罪到我头上，我不会再忍受了！我真的受够了！”

心灵小径：谈判的规则

不论是商业谈判，还是和配偶摊牌，有时在过程中，气氛会变得异常紧绷。但是，不论情况如何，你都有权利暂停这场谈判，要求几分钟的休息，好好整理并厘清思绪。有时候，我们太专注于辩护，反而忘了可以要求短暂的休息，诚实地面对自己，找出内心真正渴望看到的结果。

洁琪的盲点在于：她拒绝相信（或无法相信）自己多么容易受他人影响。她容易产生罪恶感，也经常自动将他人的怒气或烦恼归咎于己。这导致许多人（主要是他丈夫）趁机利用了她这样的个性，同时她自己却不相信身边的人会利用她。从以前到现在，洁琪总是因罪恶感而感到无助，毫无抵御能力。朋友也曾连续说教好几个小时，要她不要受他人的负面话语影响；但是，就算说到舌头烂掉，洁琪还是不明白这个道理。她必须先承认自己渺小无力，才有可能从丈夫的魔掌中逃脱，也才有可能减少恐惧带来的负面影响。

洁琪的力量的确微弱渺小，但是，从另一方面来看，她拥有的力量却又强大得无以计量。最近她让我听了阿瑞的电话留言，阿瑞在留言中说："今天晚上出来见我，至少这是你应该做的！"洁琪从前扮演的角色就是求和使者，或是看人脸色的好好小姐，过去的她肯定会无异议地默默顺从。自从洁琪表示想要离婚之后，阿瑞就一直利用这些所谓的"见面"，对她施加言语攻击。阿瑞坚持，洁琪是彻底疯了，才会想要离开他；还说她被"误导"了，所以想要"抛弃"他和整个家。

但是这一次，洁琪已经做好改变的准备。她很冷静地回电给阿瑞："告诉我，你为什么想要见面。在我答应任何事情之前，我要先搞清楚状况。"

令她惊讶的是，阿瑞轻易就放过她，只说了一句："当我没说。"然后就挂了电话。

洁琪感到非常震惊，她不敢相信自己居然真的做到了。她向我坦承："原本我就因为要离婚而有罪恶感，所以，通常他打过来说要见面的时候，只要一招手我就去了呢！"她对着我露出胜利的微笑，拿拳头轻击了我一下说："这次他别想！"

洁琪现在明白，只要画出底线，她也有能力保护自己不受丈夫虐待。她清楚表明了自己的立场。当然，这种过程还需要练习和熟悉，但不得不这么做，她已经无法再忍受被人踩在脚底下的感觉。现在她明白，自己虽渺小，但是强壮。

你也有力量……

我们当中有许多人，并不清楚自己拥有的力量。寻求力量，希望能改变逆境，不是只有洁琪这样的女人，男人也是一样，美国前总统里根就是一例。

记者甘农（Lou Cannon）在所著的《里根传》（President Reagan：The Role of A Lifetime）中描述，1982 年以色列总理贝京（Menachem Begin）在黎巴嫩扩大战争规模的消息，令里根感到挫败。里根对他的顾问群说："这个消息真是令我沮丧。"其中一名顾问回答："何不拿起话筒，打通电话给贝京呢?"里根总统也真的照做了。他打给贝京，并且让贝京知道他对现在的情况感到不满。

一小时后，总统办公室就收到卫星报告，显示以色列的战火已经移往另一个方向。里根看着他的顾问群说："我都不知道，我竟然有这样大的影响力!"

真实准则第 20 条的有趣之处就是：其实，我们拥有远远超出自己想象的强大力量。不管你是美国总统，或只是试图摆脱恶质关系的平凡男女，都是一样的。就算是手无缚鸡之力的人，实际上都拥有意想不到的力量。

里根在那次事件中发现，只是简单的一句："我不能接受这个情况。"竟然有能力阻止几千公里外的灾难发生。同样地，我们的力量也可以展现在其他私人的宣言上，例如："我不需要忍受这样的生活。"这样的宣言一样重要。

必须先承认自己的无力感，才能提出类似的宣言，这真是一件奇特的事。有些时候，我们是在盛怒之下、或是受尽羞辱之后，才终于决定站出来。内心的底线被轻易踩过，让我们觉得忍无可忍，于是勃然大怒地宣示："够了！"走投无路的时候，我们才会觉醒，惊觉自己必须有所行动，而且是"现在"就行动。

心灵小径：自制力

自制力愈强，力量愈强。

——塞内加（Seneca）

放开双手吧！

这本书中不断重复出现的概念就是：生命中有许多事情超

出我们的控制。许多人成天忙着保护自己，但说到底，挫折也算是人生的一部分，我们无力阻挡。所以，遇到掌控之外的事情时，记得学会认输。

有一个关于“认输”的故事，我非常喜欢：故事的主人翁是一位佛教宗师，某天他的儿子猝死，于是这位宗师离开寺院，花了几个月的时间陪伴家人。当他回到寺院之后，依旧非常悲伤。宗师的弟子聚集到他跟前，其中一位对他说：“师父，您的气色奇差，而且没有笑容。您一直教导我们，人生是虚幻的，但您现在看起来却如此心碎！”

这位宗师看着年轻的弟子，停了一会儿，然后说：“是的，人生只是幻影，但孩子是人生中最美好的幻影。”

有些事情我们无法理解，有些痛苦和失去不是我们的选择。在这些时候，哲学、心理学、甚至宗教都派不上用场，抽象的概念与教条无法触及也无法抚慰内心的伤口。最深刻的爱，不论交付的对象是家人朋友，或是倾全副心力经营的组织，都可能撕裂我们的心。当这样的痛苦真实发生时，我们要记得自己无权选择；不论做了多少准备，不论态度多么“正面”，不论多么努力看向光明面，悲痛都还是存在。

关于“正向思考”的书籍和网站成千上万，中心主旨都是在说：“快乐是你的选择！”但是，面对一位刚刚失去五岁女儿的父亲（或母亲），要看着他的眼睛说出：“记得，快乐是你的选择！”光是想象这种场景就让我心痛。90%的时候，这些书籍说的没错，我们的确有选择，也应该尽力做出最好的选择；然而，有 10% 的时候，在对方心碎、梦想永远破灭的时候，说出“快乐是你的选择”这样的话，或是要他们好好过生活，其实是在贬低对方的智慧与人性。

不论任何时候，这座美丽星球上都有无数的人正在受苦受难。他们身处人间炼狱，没有任何力量改变自己的处境，但我们有能力伸出援手。特蕾莎修女、印度圣雄甘地，都是极具远见的领导者。他们奉献一生，只为扫除贫穷、暴力、饥饿、疾病、污染和仇恨，并且终止残暴的行为。他们倡导和平、正义，证明了每个人都有能力帮助他人。想想那些受苦的人们，他们正聚集所有的力量与资源，想办法在悲伤、心痛和不公不义中生存，我们怎能不伸出援手？

人类具有痊愈的能力，能够从绝望的灰烬中重生，也能面对崭新的一天，继续奋斗；重要的是，在生命最动荡不安的时刻，必须能茁壮成长。我的好友苏珊就做到了。去年，苏珊结缡 32 年的先生被卷入一桩可怕的丑闻，现在正在监狱中服刑。不用说，这大大打乱了苏珊的生活与心情。她已经失去了丈夫，现在还有可能失去自己的家和大笔积蓄。

几个月前，苏珊决定搬到住在邻近城镇的女儿家，并且正式和丈夫离婚。她的儿女都非常不谅解，直到今日，他们都还不清楚父亲犯下的过错，当然无法理解母亲为何要“抛弃”父亲。大部分时候，苏珊的内心充满了深深的罪恶感，还有愤怒与悲伤。

住在女儿家的客房，让苏珊找回了部分平静。唯一还保持着联络的朋友，送了她一棵桃子树的树苗。当苏珊将手指插入土壤、种下树苗时，不知为何，她觉得自己几个月来头一次感到开心。于是她决定投注心力打造一座小花园，每天为盆栽浇水，打点花园里的一切。花园成了她逃离这个世界的庇护所，为她带来平静、希望、新的生活与新的篇章。

伏尔泰在他的经典作品《赣第德》（Candide）中写道："人必须打造自己的花园。"假使某天你和苏珊一样，不经意踏入寒冷的冬季，还是会发现春天正在想象不到的地方萌芽；或许，就在你家后院的花园中！

珍娜死后不久，我亲爱的欧文叔叔（婶婶是纳粹大屠杀的幸存者）寄了一封信提醒我：在苦难和失去带来的黑暗当中，一定要找到走出阴影的力量；就算在绝望的深渊，我们也能帮自己打起精神，帮其他人打起精神。是的，我们的力量微薄，只能在人生的大风大浪中挥舞手上的白旗。是的，我们的力量强大，大到超出自己的想象，无法度量。

整理你的思绪

面对人生道路上难以克服的挑战，我们显得渺小无力；即便如此，还是有许多事情在我们的掌控中。讽刺的是，唯有先承认自己的无能为力，才有可能挖掘出内心埋藏的力量。要记得：

你有能力定义并规划自己的人生，也有能力定出自己的规矩。

在工作或感情上，大多数人都有相对感到无力的时候。承认并接受这个事实，可以帮助我们找回掌控人生的力量，并且做出必要的改变。

你拥有能力重新打造自己的人生旅程，选择更健康、更健全的生活方式。挖掘内心的力量，寻求必要的协助，改变永远不嫌迟。

方法一

在你的人生中，出现过哪些改变或革新的契机？请列出来。

方法二

有些团体和组织的目标，是降低并解除他人的痛苦。如果你过去并未参加过类似组织，尚未贡献出宝贵的时间与精力，未来会不会考虑参与其中？可以主动联络这些组织和团体，了解更多资讯。

准则 21

“解放”在当下

别再空等百分百的完美

有多少人抱持着“某天能得到解脱”的想法，以此解释世界的运作方式呢？我猜，所有人都是如此！我们等待着有一天人生会变得完美，有一天待办清单上会一片空白，有一天生命的动荡不安会归于平静，然后就能拨云见日。我们等待着，有一天生命中各种大小问题所带来的压力都会消失，然后就能获得前所未有的平静。我们以为，有一天一切都将归于平静。

我很喜欢以前看过的一则漫画，漫画中有一男一女站在邮箱前读信，男人表情欣喜地大喊：“这封信说，我认识过的所有人对我做过的所有事都表示赞同！”

“自由”是很自然的人类渴望，我们都希望获得平静，也都希望人生终归安宁。假想你有三个孩子，八成会忍不住开始期盼，有一天不必再挂心孩子的各种繁杂琐事，像是孩子的学校教育、共乘上下学的安排、课后活动、感冒流鼻涕，等等。

辛苦过后，理应得到休息，不是吗？再想象自己在同一个工作岗位上待了 40 年，一直在难相处的上司底下工作，薪水也不曾增加，于是你对自己说："撑到退休就好了，退休就解放了，到时候就能开始真正过生活。"

然而，事情的发展不总是如此，对吧？退休、离婚、孩子 18 岁成人等等事件会带来其他的挑战。成人子女有可能要到 30 岁才真正独立，退休生活也经常和我们想象中的大相径庭。退休后，失去了工作时的身份与目标，有些人会无预警地突然感到空虚，开始怀疑自我；过去我们可能是"某某老板"，退休后就只是"某某先生"。还有，退休后，夫妻每天朝夕相处的时间，大于过去几十年的总和。有些人不习惯这么长时间和另一半相处，逐渐开始觉得自己的领域遭受侵犯，眼前也突然多了全新的挑战：要如何一整天与配偶共处还能全身而退？

有一位担任理财规划师的客户曾开玩笑地说，退休后就是"3D"生活：离婚（Divorce）、忧郁（Depression）、死亡（Death）。当然，他只是在耍嘴皮子，不过悲哀的是，有时候现实也真是如此。许多人忘了退休是个大变动，应该事先做好准备，或是规划缓冲期，才不会感觉突然丧失了工作身份，收到不受欢迎的大惊喜。

不只是退休，任何你在脑海中定下的里程碑，都有可能发生同样的情况，像是出售公司、结婚、离婚、45 岁生日、赚到人生第一个一百万，或是搬到另一个城市生活，等等。我们以为，只要到达某个里程碑，获得某个地位象征，累积了一定的财富，脱离了某个困境，或是完成了人生最后一项心愿，就能获得解脱，一切就结束了！只要撑过这个里程碑，跨过脑海中想象的终点线，就能获得永恒的幸福、不变的身份地位、他人的永远认同，以及一辈子的安全感……然后，出乎意料地，这一刻突然就到了。但我们随即发现，事情和想象中完全不一样，于是心中浮现莫名的失落感，不确定下一步该怎么做，也不知道应该依靠什么。旧的问题消失后，又出现新的问题。这让人感到灰心丧志，只想绝望地高举双手投降，大吼："事情永远没完没了！"

人生中真有值得期待的终点或里程碑存在吗？真有一天可以不再承受巨大压力，转而开始享受人生吗？

当然可以！只要将家族企业转手给别人，就不必再每天肩负经营的责任了，多好！这绝对是个里程碑。离婚后，也不必再跟完全不适合的人绑在一块了。但是，没有哪一个里程碑可以迎来最终的解脱，我们也不必再自欺欺人，因为事情永远没完没了，这就是人生！

就算完成了待办清单上的所有事项，也不代表生命中就不会再出现任何挑战。如果你总是对自己说："只要某某事情发生，我就能开始真正过生活了！"而且，还因此把快乐和幸福往后推，我可以保证你只会换回另一种"3D"：绝望（Despair）、失望（Disappointment）、幻灭（Disillusionment）。

还有，到底什么叫做“真正过生活”?

“真正的生活”就是现在，就是在当下。不管我们在哪里、做什么，真正的生活就是当下正在发生的这一刻。在人生旅程中，我们真正应该明白的重点是：绝大部分的幸福与快乐不会按照可预期的规律发生。这是真的！快乐可以在任何时间和地点发生，好事也会随时找上门，并非真要等到特定日子才会出现。人生没有所谓必须到达的“终点”，所以一定要学会慢下脚步，在生命中的每一刻看到天堂。

还记不记得1990年代末期一部疯狂的搞笑电影《脱线舞男》（The Full Monty）? 片中一群穷困潦倒的钢铁工人，发现自己身上活跃的舞蹈细胞，竟组成一支脱衣舞团。当中有一幕经典场景：这群工人和其他失业民众排着长长的队伍等待应征工作，旁边的扩音器突然播起舞男们跳舞时的背景歌曲。一开始，他们只用脚板打着节拍，最后终于忍不住搭配着音乐，放肆舞了起来。

我的朋友芭比告诉我，正式离婚几个月后，她终于答应姐妹淘的要求，跟她们一起出门跳舞。她描述的事情经过，让我想起《脱线舞男》中工人们疯狂跳舞那一幕。芭比原本不想出门，真正到了俱乐部之后，她也不想跳舞；一直到朋友们把她拉入舞池，她的脚尖才慢慢开始跟着音乐节奏打节拍。过了一会儿，她也开始扭动身体；然后没过多久，芭比就开始大跳特跳，高兴得大喊，玩得非常开心。出乎意料的快乐种子经常深埋在我们心中，覆盖在痛苦、悲伤、难过的情绪下。但是，它总是会再次冲出土壤，就像冬季末期从雪堆下探出头的迎春花儿，让我们再次充满生命力。

并没有一个特定的时间或地点能让人“获得解脱”，那只是神奇的大脑制造出来的幻想，不切实际。真正存在的，只是一个“过程”，而我们永远都在这个过程中。人生是一个过程，而我们都是在过程中学习、成长的人。愈早接受真实准则第 21 条，就能愈快学会慢下脚步、深呼吸，不再寻求认同，不再等待有一天会有完美的结局。学会踢开脚上的高跟鞋，开始高歌跳舞，享受每一刻的美好。有些美好甚至会在最出人意表的时候出现！

几年前，我受邀出席一名非裔美籍年轻人的丧礼。这名年轻人叫但丁，在一次帮派寻仇的场合中枪身亡。珍娜·德鲁克中心照顾的家庭中，有许多都是丧子的家庭，这样的悲剧令人遗憾。我陪着但丁的母亲从教堂走出来时，一名怀抱婴儿的年轻女子走向我们。我记得，稍早在丧礼上，看到这名女子跟朋友坐在一起哭泣着。她对但丁的母亲说：“太太，您不认识我。我是但丁的女友，这个小孩是您的孙子。”

几天前警察上门报丧，从那时起，但丁的母亲就陷入痛苦和绝望的深渊，她觉得自己失去了一切。现在，她低头看着自己的孙子，长得和儿子小时候一模一样，心中涌出一股她以为已经消逝的母爱，而这股力量缓和了她的痛楚。在如此绝望的时刻，一份出乎意料的惊喜成了她的心灵绿洲。

所以，这实在是一件有趣且吊诡的事（我猜你已经很习惯我这么说了）：虽然“解脱”只是幻象，但同时我们却一直在获得解脱。任何时候，只要活在当下，就能获得平静。我们早已抵达终点！

人们一直在追寻的平静和深刻满足，永远都在伸手可及的地方。何不学习佛教徒，将内心因牵挂而产生的杂讯、混乱和痛苦通通清空？停止追寻，享受现在拥有的。不要再无止尽地追求地位和肯定，让脑中喋喋不休的噪音平息下来，平静与宁静将如河流般自然流淌，直至圆满。

“活在当下”的礼赞

有些时候，我们忙着达成目标、满足自尊心，反而忘了留心当下正在发生的事。或许，最后我们真的会达成目标、攀上顶峰，欢欣鼓舞地拍手大叫：“我做到了！我成功了！”但是，三分钟后，我们突然意识到一个问题：“我现在该怎么下山？”这样的事情就发生在我的一位好友身上。一位年轻同事说服我这位朋友，一起去攀登非洲最高峰乞力马扎罗山，结果差点害他死在山顶上。朋友告诉我，在下山的路上，他的心情慢慢恢复平静：“尽管刚从鬼门关走了一趟回来，当下只想要一张温暖的床，但我的脑袋已经自动开始盘算着更遥远的未来。我想着要如何将这次濒死经验说成伟大的冒险故事，说给我的哥儿们听。我还想着明年要再来一次，征服这座山头。我并没有在想：‘感谢上天让我活了下来！’也没在心里感激带我下山的队友。我已经开始在想下一座山头了！”

追求有价值的目标时，人类会感到最快乐，这是人类的天性，完成目标反倒不一定会让我们如此快乐。激励大师南丁葛尔（Earl Nightingale）就曾经引用西班牙小说家塞万提斯（Cervantes）的文字：“旅途比旅店来得舒适。”所以，达成目标之后，应该要立刻设立下一个目标。或许，这就是为什么美国开国元老们在拟定独立宣言时，选择写下“每个人都有‘追求幸福’的权利”，而不是“每个人都有幸福的权利”。如果已经把一生中想做的事情都做完了，那你只有两种选择：结束这一生，或是再列一张新的愿望清单！

每个人自然而然会慢慢明白，人生的高峰与山谷是一路绵延下去、永无止尽的。人生就是一连串接连不断、看不到尽头的挑战与机会，没有任何方法可以逃避。既然外在事件永无止息之时，我们就必须学会在任何情况下都保持心灵平静。在混乱无果的不完美人生事件中，满足于此时此刻，满足于当下。

编织有意义的人生

怎么样才能让人生过得充实有意义，不必每天刻意“制造意义”呢？首先，你要先从过度疲劳紧绷、总是在寻求认可的“空壳人”（每件事都是为他人而做），转变为镇定、注意力集中的“实心人”（追求自己心中目标）。听起来很困难，其实不然。关键在于“用心生活”，慢下生活步调，把自己从剪不断理还乱的思绪中解放出来，关注自身情绪之外的大好世界。达到这个境界的方法因人而异，有些人通过冥想课程来学习如何放空，有些人则是通过和缓瑜伽，有些人通过抚慰人心的音乐、吟唱或祈祷来获得平静，有些人则通过长时间亲近大自然来培养内心的平静。不论通过哪一种方式获得平静，简单地说，用心生活其实就是好好地过每一天，更自在地面对人生。

那么，如何让自己慢慢从快车道转出，双脚慢慢移开油门踏板，全身慢慢放松下来呢？就从实践这本书里的真实准则开始吧！特别是有关诚实、勇敢、体谅、倾听、关怀、放手、自我怜悯和接受人生真相的准则，这些真实准则能让你生活得更自在、更真实、更快乐、更简单，与他人的连结也更进一步。

面对逆境时，该怎么做才是最聪明的呢？遭遇那么多失去和挫折，又该如何找到安宁与平静呢？答案肯定会让你惊讶：我们需要做的，并不是攻克一座比一座高的山峰，而是要冒险走入“沉默”与“无为”的领域。

但是，“无所作为”如何帮助我们面对逆境、活在当下呢？事实上，下面几种“无为”都能帮助你放空，倾听自己的心跳，回到当下：聆听能让人深层放松的音乐；在万里无云的夜晚，仰躺在柔软的草皮上；闭关沉淀个一两天，让你的感官全部开启，体验全神贯注、脚踏实地的感觉。有时，我们也会在烹煮大餐、与家人朋友共享时找到平静；或者，在落日余晖下的海滩漫步途中感到安宁。坐在自己最爱的位置上挑战拼字游戏，也能带来全神贯注的经验。学会放慢思绪，抚慰自己的心灵，让心更平稳更沉静，这是你能送给自己的最具力量的礼物。

学会慢下脚步，也能使自己更从容，不再心烦意乱、六神无主。当你心生冲动只想加入混战时，会像无头苍蝇般乱窜；这时候慢下脚步，你会突然发现自己还有其他选择。你大可拒绝趟这场浑水，站稳脚跟，画出适当的底线，带着刚学会的从容态度全身而退。我的天使女儿就曾对我说："无为才是最好的做法！"但是，我从经验中发现，无为也需要练习，对于那些习惯"管事"的人而言更是如此。无为会带来很不一样的改变：学着深呼吸，向后退一步，任由事情自然发展，不要一有机会就想发挥、就想插手，不要总是想明白所有的事情，解决所有的问题。若是能做到无为，就能为人生带来无边的平静。

另一项能带来重大改变的能力，则是"看见"。

如何"看见"

想要学会活在当下，可以从察觉身边发生的所有事件开始。学习察觉一切过程，我称此为“看见练习”。看啊！我们站在这颗小小的蓝色星球上快速转动，而这颗星球只是宇宙中的一粒微小尘埃。任何一刻发生的事情，都远远超出我们所能想象与理解的范围。

心灵小径：快看！

“看见”（behold）只是一个现在式动词，并不是什么玄奥的概念。“看见”并不是要你看见“过去”而后悔或追忆，也不是要你开始想象“未来”。“看见”就在此刻，就在这宝贵的当下。

看啊！这么多奇迹！婴儿出生了！爱侣结婚了！一只白海豚在亚马逊河里优游！一对父母正在欣赏孩子的第一场表演！原创的艺术！笑声和温暖！现场演奏的震撼！感动人心的无私举动！在我们四周，充满了无穷无尽让人屏息的美，就等着我们“看见”，等着我们去见证，并且在过程中升华我们的心。

我最近动了一次紧急手术，不为别的原因，仅仅是因为蜘蛛咬伤。伤口受到感染，形成丑陋的脓肿，手术在我的大腿正中央留下了一道长约八公分的开口。史黛菲还很好心地补了一刀：“老爸，恶心死了。”不过，她依旧开心地拿出新买的八百万像素 iPhone，把伤口照了下来。

医生没有缝合伤口，主要是为了防止更严重的感染，也是为了让伤口可以从内而外开始愈合。我对莉榭说：“这很像悲伤嘛！”因为有伤口，有几周的时间，我的活动都受到限制。不过，每天换衣服的时候，我都注意到一个小小的奇迹：身体的自愈能力。新的细胞、组织和肌肉每天都在我的眼前增长。

奇迹发生的同时，其实我们也会看见难以言喻的苦难和暴力，空虚、悲惨和绝望也同时存在于这个世界上：有些人因为战争或饥荒而失去挚爱，有些母亲失去了襁褓中的孩子，有些孩子则失去了双亲。婚姻和家庭会破裂，天灾人祸、环境污染和战争都会夺走许多人命。到处都有哭泣的人，到处都有失去，到处都有碎成好几万片的心。所有的事情，我们都能通过某种方式了解和看见。

若是拥有活在当下的能力，你就会发现：“上面说的所有事情，现在这一刻都在发生。我意识到了，也接受这就是人类存在的本质。人生就是如此，所以我要即刻保持意识，清醒并警觉，感知所有事物。我能同时感受到苦难和喜乐，并且带着深深的谦卑，看见生命展现出的所有面向。”

人生总是带着谜团，身为人的一部分意义，就是能以极大的好奇心与谦卑，面对未知的谜团——也就是所有我们还未学会或无法理解的事物，以及某些我们永远不会明白的事物。我们必须接受自己在宇宙中的渺小，也必须接受自己对宇宙的有限了解；我们有的，只是征兆、线索和信念。尽管人类的一生只是一粒小小尘埃，一闪即逝，但我们还是站在这个转眼即逝却永恒的瞬间，成为伟大宇宙的一部分。吊诡的是，唯有谦虚地承认无知，才有办法觉醒。然后才能“看见”，才能解开谜团，并且保持尊严，一路前行。

我们不仅能看见当下，事实上，还能参与创造当下。通过智力、才能、远见、爱与同情心，为身边的人、甚至世界带来深远的影响。我的许多好友都曾亲身证明，人类的能力与潜力远远超出自己的理解和想象。

锻炼精神？锻炼自尊？

精神导师托勒（Eckhart Tolle）认为，每个人都必须做出一个选择，那就是要锻炼人性中的哪一部分？“精神”或是“自尊”？“自尊”督促我们半梦半醒地忙碌过生活、讨生活，只要跳脱当下，开始想象未来，“自尊”就会被锻炼，开始壮大。

“自尊”并不像许多人声称的，是我们的“敌人”；事实上，我们需要“自尊”才能生存。“自尊”帮助人们建立并维持自我，也有助于工作升迁、维持家计和追寻梦想。但是，“自尊”太常受到不安情绪的影响，让人看不清当下和现实，还可能让人忽视了自我以外的整个世界。所以，谈到“精神”

的时候，“自尊”的好处和用处有限。

精神上的醒觉和深化，无法从“自尊”的壮大中得到。“自尊”只会让人忙着规划未来，定下各种计划，反而忽略了眼前的丰足。

一旦我们选择锻炼“自尊”，很容易会因太过专注于自身事务而忽略了周围环境，以及自身以外的事情。不过，这也不能全怪“自尊”，因为责任在个人身上，我们应该要把“自尊”当成工具，并保持警觉，不让“自尊”扭曲现实或吞没自我。

想要自由、充实、无惧地活在当下，唯有敞开心胸，接受“自尊”之外更辽阔深远的世界。

活在当下，就能将注意力放在正在发生的事件上，也就是生命中各种枝微末节的小动作。在我的人生中，就属女儿过世后的那一年最为清醒。当时的我处于极度悲痛与绝望的状态中，无路可逃，无处可躲，没有任何事情能让我分心，让我从痛苦中逃脱出来。感觉上，我就像被扒掉了一层皮，毫无防备，观看和感知世界时少了过滤机制。因此，我看到了世界的原样——除去伪装、矫正偏差、少了情绪化偏见的世界。原本充塞在日常生活中的噪音消失了，我的生活只剩下痛苦。过去不复存在，未来也不再重要。赤身裸体地站在无可逃避的悲痛中颤抖，我因而开始看见事物的真相。

个人的悲剧发生后，又过了几年，我慢慢了解到，其实不一定要经历过悲剧才能觉醒。没有任何经验比得上“活出自己人生”的感受，在那一刻，我们成了世界的心跳，成了灵魂的主宰。更棒的是，我们不需追寻或创造这样的时机，因为“当下”已然存在。

一路奋斗与挣扎

显而易见的事实是，大多数时间，人们都是处于半梦半醒的状态。虽然“当下”是一份礼物，但是在经历伤痛或挣扎时，很难体会到这份礼物的美好。在苦难当中，“当下”如鲠在喉。

奋斗与挣扎是人生的一部分，有时甚至会让人上瘾，就像毒品一样。要人们无为地活在当下，敞开心胸去看事情的真相，其实是严苛（且吓人）的要求；相较之下，把每天的行程、工作和人生计划排得满满的，庸庸碌碌地忙着成为某个人或是做到某件事，这种奋斗与挣扎的生活简单多了。不过，讽刺的是，假使你真的这么做了，奋斗与挣扎最终就会成为你的生存模式和身份。

“嗨！最近过得怎么样？”

“很好啊！奋斗、挣扎着！你呢？”

“我也是！刚刚达成了几个目标，老样子！”

于是，日常生活的潜在剧本就成了奋斗与挣扎。一旦奋斗与挣扎成了人生的主题、人生的全部、甚至是个人存在的中心原则，你将会错过活着的机会。如果你每天都是“敷衍了事过日子”，或者“过一天算一天”，那么该是时候做出改变了！

虽然听起来很吓人，但你还是必须正视当下，拥抱每一个机会，让自己活得更真实、更清醒。

佛教教义教诲人：在当下觉醒，是唯一的救赎。只有在觉醒之后，我们才能从生活的庸庸碌碌中升华。人类的思想之上，还有更深层的真相，那是一种连结；连结精神，连结自身的存在，以及连结（有些人称之为）“上帝”。不论你接纳的是哪一种信条，只要专心于当下，就会发现每个人都不只是“我”而已，而是一个更高存在的一部分。

从“自尊”永无止尽的拼命中升华，就能享受无边的平静。从看似千斤重的俗事中升华，就能毫无挂碍，并且在令人惊叹的精神世界中保持清醒与活跃。

自由，无拘无束

“解脱”是不切实际的幻想，“活在当下”才能让人获得真正的自由，让精神觉醒就能在人生中找到真正的自由。酒吧、餐厅、赌场、购物商场、主题公园都不能让人获得自由，放暑假也不会带来真正的自由；然而，很多人却经常在这些地方或时机中寻找自由。

心灵小径：自由大无畏

自由在于无所畏惧。

——佛斯特

海伦是我的咨询客户，她是事业成功的房地产投资人，最近还向我提起一笔风险很高的投资。

她说：“好几年来，我一直告诉自己，只要这次投资成功，我就自由了，就不再亏欠任何人。但是，我慢慢发现，不论银行存款有多少，我永远还是要背负一样多的责任与义务，甚至更多。”

谈到自由，其实很多人都在欺骗自己。我们想象生活可以毫无拘束与限制，像媒体每天报导的摇滚明星、运动明星或百万富翁一样无忧无虑；但是，在现实生活中，每个人都有自己的问题。

有些人想象中的“解脱”，是卸下某些特定的义务，因为这些义务绑死他们了。大多数人则觉得，简单说，自由就是没有限制，也就是不用再做任何自己不想做的事。不过，那不是自由；就算是，也只是转瞬即逝的自由。

其实，我们有能力获得完全不同层次的自由：爱与被爱的自由；不受罪恶感和他人认同侵扰的自由；免于烦恼、怀疑、恐惧和伤痛的自由；表达自我的自由——这些才是我所谓的

“自由”。这样的自由能化解悲伤与限制，让我们的心灵和头脑都获得解放，让我们开始“知足”。

在“当下”找到平静，让我们得以更深入了解人生，也更知道该如何过生活。学会如何在想象、计划与人生真实样貌中取得平衡。学会勇敢，走过烈焰与森林，横越波涛汹涌的海洋，解放内心的开拓者精神，体验惊奇，每一天都对人生多出一分深深的尊重与敬意。

达成理想中的目标时，其实很少会获得这样的自由。写出一本畅销书、以两千万美元售出自己的公司、中乐透……然后呢？我们究竟期待发生什么？到底想要清偿什么样的债务？我们以为达到目标后会获得多大的自由？或许，现实和想象中远远不同（不过，从某方面来说，这样的现实却令人安心）。

现实就是：没有所谓的“解脱”！我们早已解脱了！我们早已获得自由了！只要稍微慢下脚步，注意每一口呼吸，让每天的生活不再只是一张待办清单，就能享受当下各种枝微末节组成的富足，就能获得自由。本章的最后列出几项很棒的方法，帮助你“活在当下”。要求你脱离日常生活的庸庸碌碌，或许一开始会不太习惯；不过，你也可能神奇地感觉到，这样的自己比以往任何时候都来得自在。或许，人生从来没有所谓的目的地；或许，我们早已抵达目的地；又或许，我们一直都在想要抵达的目的地。

整理你的思绪

真正的平静、自由和满足，不存在于下一个转角处，也不在另一座山巅，而是在当下和此刻。我们要做的，只是学着如何活在当下，品味此刻。

■ 方法一

你过去做过哪些事让自己“解脱”？请列出来。

■ 方法二

列出真正能让你感受到自由和平静的事情。

■ 方法三

你能做（或停止做）哪些事让精神面更醒觉与平静？列出五件。

■ 方法四

在人生中，你是否曾经因为看见了什么，因而打开了眼界和心胸？写下或谈论这样的经验，帮助你重拾当时的记忆。

方法五

下列活动可以帮助你用心生活，活在当下。请勾选你愿意尝试的项目：

通过学习呼吸或“放空”（做瑜伽、冥想，或是听舒缓放松的音乐）来沉淀脑中的思绪。

多多接触大自然，让自己更沉静、更能看到世界的奇妙。

坐在海边或公园里，什么也不做，让自己放松至少一个小时。

准则 22

顺其自然，好事就会发生

放松本身就是“改变”的催化剂

我的瑜伽入门老师说过一句话，完全体现了东西文化的差异：“在这堂课，你们不需拼命，也不需施力强迫自己。你们需要学的是呼吸和放松，让身体每一部分的肌肉都能延展并增强。”

对我来说，“纯放松”是一件很新鲜的事，因为我已经习惯了尽力和拼命的做法，例如一百下仰卧起坐，或是在足球场上挥汗奔跑。对我而言，放松是全新的保健方式；后来我慢慢发现，放松更是一种完全不同的生活方式。

做瑜伽时，放松是让每一处紧绷的地方得到呼吸，这样才能轻柔地松开紧张的肌肉。光靠呼吸和放松，原本紧绷的肌肉就会松开，得到舒展。第一次做瑜伽的时候，我首度成功伸展并放松了身体肌肉，体会到从体内开始延展和增强的感受。很快地，我的身体就变得柔软又强壮。

心灵小径：呼吸的重要

呼吸之所以重要，有两点重要原因。第一点，呼吸是让身体和各个器官获得氧气、赖以生存的唯一途径。第二点，呼吸是排出体内废物和毒素的最佳途径。

同样的道理运用到生活中，人生因此开展了全新样貌。我曾经一度成为控制狂，总是忙着掌控大大小小的局势，像小狗那样追着自己的尾巴绕圈子。幸好后来学了瑜伽，每天都拨出一点时间让自己坐下来沉淀。

我的奶奶沙蒂很早就明白了这个道理，她经常将一句犹太语老话挂在嘴边："Halavi."粗略地翻译，就是"顺其自然"。有时候，在人生中跨出的最大一步，并不是因为用意志强迫自己做了什么，而是做到了呼吸、放松和顺其自然。我经常听到我的天使女儿珍娜提醒我："无为是最好的，爹地！"

进一步？退一步？

在人生中的某些时刻，我们所能采取的最好行动，就是往后退一步，让事情自然发展。前面的准则讨论到认输的重要性，其实也就说明了，最有力的行动就是退一步，不要阻碍自己向前进。不过，人生中也有需要特意经营和使力的时候，在某些情况下，拼命、专注、尽力、冲刺才适当。如何分辨何时该前进、何时该后退，就成了所有人需要运用智慧和洞见来解决的问题。就像乡村歌王肯尼·罗杰斯（Kenny Rogers）所唱的歌词："你必须知道什么时候扣牌，什么时候叫牌。"

假使你现在为人父母，想必已经切身感受到其中的挣扎了，亲子关系正是练习找到两者平衡点的绝佳契机。什么时候应该坚持底线？什么时候应该少点控制？如何让孩子自己学会做出聪明的决定？这些问题的答案因人而异，也因事而异。最好的方法永远是，建立沟通和倾听的管道、培养信任感，并且帮助孩子仔细评估手上拥有的选择；也就是说，父母应该当军师，而不是独裁的暴君。这都需要练习！练习不一定能达到完美，但一定能带来进步。

在企业中，我们也有机会练习如何取得收放的平衡。我在前面的准则曾提到，对 CEO 而言，有时候，最好的策略并不是冲进会议室强硬地表示："我们就这么办！"商场上，有些时候的确需要强硬起来，但并非每一种情况下都适合采取强硬的态度。回头检阅过去的历史就会发现，事实证明专制独裁的结果并不理想。我在工作中获得的最大回报，就是见证领导者（我的客户）在开会时成为军师，赋予权力给工作团队，让他们做出一流的决策，并且看到所有员工的积极参与。

不论是对 CEO 或父母而言，了解收放的时机都有极大的益处。应该说，对每一个人而言，知道何时该放松、顺其自然，绝对是如虎添翼。人生是一辆需要经常换档的车，我们必须能够随时自在地切换至低速档，也就是在某些时刻选择顺其自然，从容有耐心地等待事情自然发展。我的瑜伽老师说过："如果你属于保留太多力气的那种人，就要逼自己多用点力；反过来，如果你经常太过用力，就要记得放松。"

有时候，放松本身就是"改变"的催化剂。身边的人看到我们放松，也能跟着放松下来；相反地，身边的人看出我们紧绷，也会跟着紧张起来。很多时候，我们拼命想要做到的改变，反而是在慢下脚步、放松之后才实现。

心灵小径：收放之间

有些时候，坚持自己的信念很重要；但也有些时候，呼吸、放松与顺其自然更重要。学会放手，就会发现"改变"正在成形。

我们经常是在尝试和失败中，找到平衡点和学会收放的技巧；幸运的话，还可以在过程中获得好朋友、好父母、好老师、好教练或是早熟子女的指引。一位哲人说过："培养怜悯之心和发展智慧，都是缓慢的过程……我们需要一天一天、一年一年地磨炼收放的技巧。改变心境时，也将会改变环境。身边的人将能感受到，你在磨炼中展现出的耐心与爱心，以及其中的益处，也因此将这样的磨炼带到他们的生活中。”

退一步，海阔天空

想要实践真实准则第 22 条，家庭就是最好（也最具挑战性）的场所。我和家人在一起时，还是有些话会脱口而出，心里也还是会有些感受想要表达，有些立场想要捍卫；但有时候，最好的做法其实是什么都不要说，只要倾听（我屡屡将到了嘴边的话吞回去，次数多到都内伤了）。

在一场混乱刚结束时，更是如此。脑袋和神经刚刚经历过一场严苛的考验之后，需要一段时间才能平静下来。任何缺口都需要时间修补，不论受损的是陶制品、柏油路、钢铁，或者是人心。

平复期经常是突破瓶颈的关键，因为过了平复期之后，我们才有力气展开必要的对谈或行动，帮助自己前进。首先必须重新整理并架构自己的内心世界，然后才能开始改变外在世界。这段过程无法立刻看到结果，也不会自动发生，必须有意识地向后退一步，才能浮出水面呼吸。“改变”经常在“无为”和“沉默”中发生，因为这两种状态让我们得以冷静地反思，并找出最好的决策。

当然，我们必须顾及另一面；也就是说，有些时候必须表达意见。相信许多人在成长过程中都体会过家人之间藏着的

“不能说的秘密”（也就是不点破的冲突和紧张气氛，或是不明说的憎恶与怨愤）。有些事情不会被说出来，不会被承认，也不会有人提出来讨论，却会形塑家庭内部的关系、家庭成员的人格与沟通方式，也会影响到我们与自己、与他人之间亲密、坦白、开放、诚实的程度。

不过，有些时候虽然意识到“不能说的秘密”的存在，最好的做法却是深吸一口气，闭上嘴巴。例如一封写给前女（男）友但不该寄出的信，或是在顶嘴的孩子面前明智地吞回腹中的责骂。有些想法，我们永远说不出口；有些伤人的话，我们选择不对上司说。选择在一场争执中采取防守的角色，是因为知道一切早已尽在不言中，也是因为我们已经了解到，正面结果产生之前，必然有一段消化、压抑、疗愈的路要走。

以退为进其实很难，尤其当我们感到异常愤怒、沮丧、害怕或难过的时候，更是难以控制。但我们要知道，在某些关头，语言和情绪早已丧失了原有的价值，甚至成为伤人的凶器，这时就不要再拿斧头砍水——白费力气了！我们只要相信，大多数时候，一切皆已尽在不言中。你能做的最多就是深吸一口气，清空思绪，顺其自然。

整理你的思绪

你是不是已经很习惯“尽力和拼命”了呢？如果是，你绝对不缺同类，因为这个世上到处都是着迷于高速高效的人。很多人拼命地让生活过得更有效率、更快速，想要一脚跨越途中所有的障碍。想象一下，如果偶尔放松，会是怎么样呢？

方法一

试试看下面这些在日常生活中“顺其自然”的小诀窍：

在激烈辩论中，压抑自己想要说赢他人的冲动。

不需在所有场合将脑中想到的话都说出来，学会选择性地吞回某些话。

当某人让你感到很挫败时，有意识地退一步，并且用怜悯的眼光审视对方。你将会惊讶地发现，这么做会大大改变你的想法，也会改变整场对话的气氛。

方法二

从 1 分到 10 分，你觉得自己判断收放时机的能力可以得几分？10 分为能力极佳。

方法三

延续上面的方法。有些事可以帮助你取得更高的分数，像“多一份耐心”或是“不让自尊成为阻碍”等。列出一项，并写出你希望下次有机会在哪一种场合尝试实行。

准则 23

给自己的人生加个意义

记得行使你的权利

每个人都有反思与顿悟的时候，也都会经历寻找和谋划的阶段。你有可能还未经历失去，正在努力避免悲剧发生；也有可能经历了失去，正在复原当中；又或者已经得到了启示，茅塞顿开。不管在哪一个阶段，我们都应该倾听自己的内心，抱持开放的态度，才能从中得到力量，看得更清楚也更明白。各式各样的事物都可能成为内心的动力，例如读了一本有启发性的著作，听了一场内容丰富的演讲，或是参与了一场很棒的研讨会。我们不禁自问："接下来呢？要怎么做才能让生活更美好？接下来该做的事情是什么呢？"

每一次培训或咨询结束后，我都会要求客户拟定行动计划。计划书开头的句子是："我有能力做出聪明的判断，现在我应该做的是……"这是在提醒自己：是做出决定、开始行动的时候了。既然已经读完这本书，也做了属于个人的笔记，接下来你会采取什么实际行动呢？

心灵小径：拟定行动计划

拟定行动计划，并不是要你定下遥不可及的目标，也不是要你列出一大张待办清单，然后才因发现永远无法达成而自责。相反地，行动计划应该为你带来希望和启发，并且合理可行，才能帮助你追求人生中最想得到的事物。

既然你已经读过书中的真实准则，也已经对人生的真实样貌有了更清楚的了解，那我真心期盼你会因此受到启发，并且开始行动。我希望，书中的想法和建议能为你开展出新的思路，让你产生新点子和新动力，甚至发展出新的生活方针，从而帮助你拥抱真实、评估人生中的选择。我也期盼看到，你能实行每一个准则推荐的方法，把握住机会，活化思想和心灵。

不论最后的行动是一通问候电话、一句迟来的道歉、一段关系的改变（开始、维系或终于下定决心画下句点），或者是明白了要对自己好一点，衷心期盼至少有那么一条准则，能点燃你内心的火花，播下改变的种子。解放自己，冒险一下吧！或者，如果你在天平的另一端，放慢下来看清周围的一切吧！

不论是获得哪一种启发，那都是遵循真实准则所获得的奖赏和成果。

或许你会发现，某一条准则或某一个段落描述的内容，与你认知的真相并不相同，无法让你感同身受。那么，请相信自己的经验，因为这些准则终究只是我个人眼中的真实。欢迎读者上我的网站，到回馈区分享感想与建议，让我知道应该如何让这些准则更真实、更能让人感同身受。或者，你也可以新增一条专属于你的真实准则，读者一向是我最好的老师。

每个人都有足够的能力与力量，定出自己想要的规则，帮自己决定从自身或他人身上获得什么，然后做出改变，达到目标。这是你与生俱来的权利，也是最后一条真实准则。

诚如前面所提到的，人生的确有它的一套规则与权威，我们不能扮演上帝。但是，我们不该因此却步，甚至停止追寻、了解和创造自己想要的生活。这是最直接简单的道理：每个人都有权利制定自己的规则，而且，每天的生活方式都是在向这些规则致敬。

锻炼灵魂

经营一段关系，是最适合制定规则与锻炼灵魂的时候；不论是与他人的关系、与世界的关系或是与自己的关系，都是一样。我的睿智好友泰瑞认为：“神就是存在于我们与他人之间的爱。”关系的存在，持续考验着一个人的真诚和品格，也考验我们能不能全心全意投入自己的人生。因此，“关系”可说是人生成长的地方。

我们当中有许多人以取悦他人为目的，经常顺从他人的意愿。为了回避冲突、保持和平、与他人建立连结，他们变得很好说话，却忘了活出自己的人生，也忘了可以为自己订立一套规则的权利。事实上，这不只是权利，更是非做不可的事！我们迟早要学会分辨，哪些规则可以帮助人生过得顺利，哪些规则不能。订立规则并非因为顽固自大，也不是出于自恋，而是为了让自己专心在属于自身的真相上。

想要获得精神上的提升或是建立成功的关系，就必须画出合理的底线。如果你能大胆明确地定出自己的规则，就表示你对自己的了解已经非常透彻，知道什么对自己有利，也清楚自身的喜好，而且能感受出是否得到足够的尊重与支持。你不仅有权利搞清楚这些规则，更有天大的权利订立新规则，甚至在脑中与自己讨价还价。这才是真相，了解真相才有真正的成长。

我在进行夫妻咨询时，必然会做的就是设立底线，并且鼓励开放互重的沟通方式，让夫妻一起讨论关系中的核心问题，像是时间管理、性生活的经营、抚养小孩的分工、理财协议，等等。这样可以大大拉近两人的关系，最后让夫妻俩感觉到，这段关系让他们得到的比失去的还多。

心灵小径：人际关系是精神食粮

个人及精神层面的成长，必须在我们与他人的关系中才能实现，没有其他的捷径。经营人际关系的主要好处，就是能在学习爱人的同时，喂养自己的灵魂。

经营一段真实、脆弱的人类感情关系，是最让人谦卑的经验；然而，这也恰巧是我们最没有办法做好心理准备的经验。这不禁让人想到，若是有关于人际关系的范本可供参考就好了。有些人很幸运，在成长的过程中，家庭和社群教会他们，如何有建设性地处理感情和沟通问题，也让他们学会如何帮助他人和处理纠纷。有些人就没有这么幸运。而且，就算是拥有优良模范可以学习模仿的幸运儿，与他人建立紧密真实的连结时，依旧会遇到困难。

为什么？因为“爱”没有指导手册。我们所有的盲点、偏见、不安与不满足，以及对于爱的最深层渴望，都会在关系中浮现。我们内心最热切的渴望，以及最深沉的恐惧，都会体现在关系中，甚至还可能成为一段关系的核心。只要在一段关系中待上够长的时间，你就会发现，过去学会的表面防备实际上毫无用处，甚至会害人害己。

许多人都从失败经验中学会了教训，明白与他人的关系会迫使我们学会更有用、更切实的防备，然后发展出全新的样貌，学会更无私、无条件地去爱。这段过程中，我们学会了画出合理的底线，以免为了另一个人而失去自我；我们也学会了谈判、合作与沟通，以及投入一段关系。其实，这些是我们从小到大一直在做的，只是现在的风险高了许多。与他人交往，促使我们加强自己和他人的亲密关系与连结，并展现出更真实的自我，发挥更大的创意，这是我们独自一人时无法达到的境界。最重要的是，我们学会了爱与被爱。

有一次，邻居戴尔约我一起喝咖啡。他告诉我，他的妻子最近被诊断出罹患癌症。戴尔含着泪水向我说出内心的告白："肯，是不是总要等到病痛缠身，人们才会发现对彼此的爱有多深？过去几年，我们夫妻俩的感情像是进入休眠状态；但是现在，我们每天都等不及天黑，因为天黑了就能相拥着度过黑夜。我无法想象没有她的生活。"

人生最伟大的成就之一，就是能与另一个人融为一体，体验更高层次的快乐与无私的付出。这样的爱不会让我们失去自己，而会让我们看到更好的自己，并且得以实现真正的亲密。想要得到这份爱，必须与自己的灵魂连上线，与另一个人连上线，也要和整个大千世界连上线。

终有一天，我们必须放手，任生命流逝。到了那一天，我们将放下个人身份，成为佛教徒口中"圆满"的一部分；那是我们最早的出处，也是我们最后的归宿。既然如此，何不在活着的时候，就学着一次一点地慢慢放手，并以更谦卑的态度看待人生？

关于人类存在的意义，有很多种说法。我们经常为了让自己或家人安心，选择以赚钱或是赢得地位和成功为最终目标。我们可以假装，生在世上是为了物质享受或功成名就，但其实每个人内心最渴望的还是“连结”：与真实自我的连结、与挚爱的连结、与所有人的连结、与自然的连结，甚至是与超自然存在的连结。这些连结愈强韧紧密，就愈能在人生中感到平静。

我和他人的连结，以及与人生的连结，是历时好几年的成果。在这段过程中，我努力遵循自己定下的规则，也学着谦卑地接受人生定下的规则。

15 年前的一个早晨，我载着珍娜去机场，她即将飞去参加环球航海游学课程。接下来几个月，她会住在一艘船上环游世界。我陪她走到机场大门，告诉她这将会是“一生一次的冒险”。

她坦白告诉我：“爹地，我有点害怕，我从来没有离开家人这么长的时间。”

她可能只对少数几个人说过这句话，而我是其中之一；对其他人而言，她太过坚强，不可能说出这种示弱的话。我回答她：“亲爱的，我也会怕，但是这趟旅程将为你开展人生未来的道路。我已经等不及要听到你回来后告诉我们，去过哪些地方，见过哪些人。”我和珍娜含泪拥抱，互亲脸颊道别。几分钟后，我目送着她搭乘的班机飞向清晨的天际。然后，再也没有见过她。

快转到十年后，我和史黛菲来到机场，她即将启程到意大利游历各个城市。姐姐过世后，史黛菲遭到严重的打击，这趟旅程象征着重新找回的勇气。我用尽全身力气不让眼泪落下，因为我想起当初和她姐姐的约定最后没有兑现，这让我心中千头万绪。史黛菲即将踏上一生只有一次的旅程，但我无法判定是福是祸，甚至不知她会不会平安返家。我能做的只有怀抱希望，在心里祈祷，并且告诉她："亲爱的，玩得开心，一路平安，我很爱你。"

史黛菲知道我心里在想什么，她给了我一个挂保证的微笑，特别用力地抱了我一下，向我保证："不会有事的，爹地，我爱你。"独自拖着步伐走回车上时，史黛菲搭乘的班机快速地消失在早晨的天际。我关上车门，眼泪滴了下来。我的另一个宝贝女儿也出发去见识世界了，超出我理解范围的力量将会左右她的人生，就像珍娜当初一样。是命运？是运气？是自然？是轮回？其实我不在乎，只希望我的女儿能平安归来。

十天又三小时后，史黛菲返航的飞机安全降落在圣地亚哥。我们两人都因为喜悦而泛着泪光，连续好几个小时不停地谈论她在意大利的各种经历。那天晚上，我在上床后打开电视，收看晚间新闻，想到史黛菲已经安全返家，忍不住放心地呼了一口长气。我看着新闻上许多即将离开伊拉克的男人、女人、丈夫、妻子、父母和孩子，正在与他们挚爱的亲人道别。我为他们感到心痛，因为我知道其中有些人再也无法回家。在家人目送下出国的人们，未来将任凭人生摆布；而留在国内的家人想要跟我一样发出安心的长叹，恐怕是很久以后了。

现在就行动!

每一天，我们都能从生活中拾掇智慧：音乐、书籍、电影、戏剧、演讲、授课、布道会、灵光乍现、自然的启示，以及各种深具启发性的事件，都能触及我们内心深处，化为丰富的资源。想要向这些触动人心的想法和真实理念致敬，何不选择至少一项做出行动呢?

在这本书的最后，问问你自己：“如果只能从这本书中学到一件事，并且化为行动，那会是……。”回头看看你的笔记，还有做了记号的字句，这些部分对你来说肯定具有特殊意义。然后，用你自己的方式，把想法化为实际行动。

你可以选择完成一个简单的小动作，也可以选择进行关系到许多人的伟大行动。你可以表达感谢或善意，也可以送给自己或世界一份礼物。你也可以重新定位人生目标。

想要做出实际行动，需要具备勇气、勤勉的态度，以及强大的内心，还需要高贵的品格和最高的评判标准，更必须做好心理准备，面对艰难的困境、寂寞、未知与伤痛。基本上，这将会涵盖本书讨论的所有课题。我们必须放弃自我批判，学会带着怜悯的心来爱自己，宽容和善地对己对人，激励自己和身边的人。

这并不是容易的事，不过，采取行动原本就不可能多轻松。但是，辛苦是值得的，因为督促自己做这些事，最终能帮助我们实现更美好的自我。

现在，你应该停止阅读，准备进入下一阶段。不要只用脑袋空想（虽然我当然希望你能仔细思考），也不要光说不练（虽然我希望你能告诉其他人，确实存在着真实准则），因为现在该是采取实际行动的时候了。从现在起，经营真实的人生吧！

祝愿你在这场被称为“人生”的疯狂大冒险中，收获各种恩典与回响，并且感到充实富足。也祝愿我们在未来的旅途中再次相见。

整理你的思绪

人生的真实准则是一组工具，可以帮助我们在人生中创造出真实的爱、希望、快乐、健康，以及前进的动力。你准备好活用这些准则了吗？

方法一

为你的人生目标定出行动计划，记得要包括下列几项：

你的梦想和愿景

你最深层的欲望

你最恳切的希望

你有兴趣进行却还未展开的冒险计划

能让你感到最快乐的事

方法二

请完成下面这个句子：“我有能力做出聪明的判断，现在我应该做的是……。”欢迎自由节录你的笔记或是书中段落。

附 录

倾听评分表

倾听评分表的作用，是要帮助使用者更了解自己，而非作为攻击、批判自己和他人之用。

真实倾听能提升办事能力与合作关系，帮我们做出聪明的决定，并且在家庭和职场上都成为贴心的人。

请你先影印一份评分表。以 A 至 F 为计分标准，为自己在家庭或职场上的倾听表现评分。然后，找一位你信任的伙伴，请他完成另一份相同的评分表，并且比较两份评分表，圈出自己还有进步空间的项目。

整体沟通风格

先倾听，后发言。

倾听时敞开心胸。

提问得宜，而且为开放式问句。

能准确地重述倾听的内容。

反馈切中主题。

愿意尝试找出两人共通之处。

具备同情心，理解对方心情且真心关怀。

不会过度将重点放在自己身上。

愿意花一定的时间在沟通上。

营造安全感

好亲近，没有压迫感。

尊重对方。

没有先入为主的评判。

愿意承认自身的错误。

听不懂的时候，会请对方解释。

一直保持耐性，不会匆促下结论。

不会试图纠正、改变或控制对方。

真正了解时，才会说："我懂。"

给予对谈足够的时间，让话题自然结束。

适当地幽默，不会以幽默伤人。

专心程度

全神贯注。

有能力专心倾听。

不会打断或抢话。

非语言的表现也显现出专心，例如目光接触。

不会事先想好回应、反驳或意见。

每次只讨论一个问题。

选择适当的交谈时间与地点。

处理冲突与分歧

愿意先听对方说完。

尊重对方持有异议的权利。

不会过度反应，或是攻击、质疑对方。

尽量避免冲突。

愿意试着接受对方的想法。

追求共识，而非独自倡议。

把意见分歧视为进步的机会。

语气

开放、关怀、放松。

冷静、有耐心。

友善的面部与声音表情。

具备求知的好奇心与热情。

不会烦躁或失去耐性。

对于对方所说的话表现出兴趣。

能从语气中听出“言下之意”。

我表现不错的其他倾听方式：

____

____

____

____

我还能再提升的倾听方式：

____

____

____

____